Leaves Publishing

根
以讀者爲其根本

莖
用生活來做支撐

葉
引發思考或功用

果
獲取效益或趣味

陽光 維生素D

作者 AUTHOR

侯金杏●蘇婉萍●王登山

專業營養師親自執筆，
觀念最正確！

陽光維生素D

作　　者：侯金杏
食譜設計：蘇婉萍
食譜示範：王登山
出 版 者：葉子出版股份有限公司
企劃主編：萬麗慧
文字編輯：謝杏芬
美術設計：張小珊工作室
封面插畫：陳美里
封面完稿：余敏如
內頁完稿：Micky
印　　務：許鈞棋
登 記 證：局版北市業字第677號
地　　址：台北市新生南路三段88號7樓之3
電　　話：（02）2366-0309　傳真：（02）2366-0310
讀者服務信箱：service@ycrc.com.tw
網　　址：http://www.ycrc.com.tw
郵撥帳號：19735365　　　　戶名：葉忠賢
製　　版：台裕彩色印刷股份有限公司
印　　刷：大勵彩色印刷股份有限公司
法律顧問：煦日南風律師事務所
初版一刷：2005年9月　　　　新台幣：250元
I S B N：986-7609-73-5

國家圖書館出版品預行編目資料

陽光維生素D / 侯金杏 著. -- 初版. --
臺北市：葉子, 2005[民94] 面；　公分. --（銀杏）
ISBN 986-7609-73-5（平裝）
1. 維生素 2. 食譜 3. 營養

399.64　　　　　　　　　94010354

總 經 銷：揚智文化事業股份有限公司
地　　址：台北市新生南路三段88號5樓之6
電　　話：(02)2366-0309
傳　　真：(02)2366-0310

foreword
推薦序

新光醫院創院至今的十多年來，一直以人本醫療做為服務的最高準則，近幾年更把觸角由院內病患延伸至各個社區，多年來從不間斷地在社區扮演一個健康促進的角色。將醫院的功能由「治病」的傳統印象擴大為「關懷」民眾身心的健康褓母。

在醫院中供應病患伙食的營養課，除了在平常為每一份伙食拿捏斤兩之外，也不時進入社區推廣營養知識，深化民眾對營養的認知。營養師們也曾著作過一些食譜書籍，如高鈣食譜、坐月子食譜、養生食譜等等，用深入淺出的方式傳遞營養知識。獲得許多的好評。藉由這些專業知識書籍的出版，也擴大了營養師的服務範圍。

此次，營養師再度編寫一系列維生素書籍，一樣秉持專業的角度，對每種維生素做更精闢的有系統的介紹。也從「飲食即養生」的觀念中提供各種維生素的食譜示範，讓健康與美味巧妙融合。

飲食與健康是密不可分的，健康的身體需建立在正確的飲食上。希望藉由本系列叢書的介紹，能讓讀者對維生素有更多一層的瞭解。推薦讀者細細研讀，或做為床頭書隨時翻閱。

新光醫院董事長　吳東進

富裕的台灣社會，營養不良的情形已經由「不足」漸漸轉變成「不均衡」。國人對食物的可獲量雖然逐年增加，但對攝取均衡營養的觀念上卻沒有明顯的進步。

其實，維生素的缺乏症在古代並不多見，一直到工業革命之後，食品科技越來越發達，人們吃的食物也越來越精緻，維生素的缺乏症反倒發生了。舉例來說，糙米去掉了米糠成為胚芽米，維生素B群就少了一半，胚芽米再去掉胚芽層成為白米，維生素B群就完全不見了。儲存技術的進步讓大家在夏天也有橘子可以吃，但您吃的橘子，恐怕維生素C也可能所剩無幾了。

但隨著醫療科技的進步，在一個個維生素的真相被探索出來之後，這些維生素缺乏症也漸漸消失匿跡了。 而且，近年來養生觀念漸漸形成風尚，國內外在許多菁英投入養生食品研究，發現維生素除了原有的生理機能之外，更有其他重要的養生功效：有些可以當成抗氧化劑，有些可以保護心血管，有些可以降血壓，有些甚至有美白的功效。這些維生素的額外功能，也讓維生素的攝取再度受到重視。

本院營養課出版這一套「護眼維生素A」、「元氣維生素B」、「美顏維生素C」、「陽光維生素D」、「抗老維生素E」，不僅詳盡解說各種營養素的功用，更提供各種富含維生素食物的食譜示範，希望能讓讀者能夠不需花太多心血就做出簡單又健康的食物，輕鬆攝取足夠的各項維生素，掌握健康其實並不難。 希望本書能夠讓讀者更關心自己的健康，並將養生之道融入日常的生活之中。

新光醫院院長 洪啓仁

自序 preface

隨 著時代變遷及經濟狀況的改善，國人所關注的營養議題亦隨之改變。早年經濟環境不佳、物質缺乏，人們在飲食方面只求三餐溫飽；而現今社會，經濟快速發展且物質充裕，營養狀況改善了，卻也造成飲食不均的現象發生；疾病型態由急症感染疾病轉變為慢性疾病，這些種種的改變皆與我們日常飲食攝取習慣有著密切關係。而網路文章、報章雜誌等在這方面的大肆報導，顯見現代人除了在意肥胖所帶來的慢性病外，養生觀念及營養補充品的補充更是流行。

本書著重於營養觀念的介紹，希望以簡單的文字傳達給大家更進一步的維生素觀念，而非盲目地補充維生素 D。由發現維生素 D 的故事開始，接著讓大家了解維生素 D 的外貌，進一步了解吃入體內的維生素 D 是如何被身體吸收利用，最後告訴大家維生素 D 和那些疾病息息相關。當然大家最關心的問題：「我該怎麼吃？」、「哪些食物含有豐富維生素 D？」、「維生素 D 補充會不會造成中毒？」、「到底多少才足夠？」...等，都一一解答。

最後，附上簡單的維生素 D 食譜，由新光醫院廚師為您親身示範，讓即使是不擅烹調的讀者也能透過DIY的方式，輕鬆獲得維生素 D！當然，對於擅長烹調的您，更可以選擇維生素D高的食材，自由發揮您的創意美食。

新光醫院營養師　侯金杏

introduction
前言

人體所需的營養素包括量較大的醣類、蛋白質與脂肪等三種巨量營養素,及量較少的維生素與礦物質等二種微量營養素。若以機器來比喻人體,醣類、蛋白質與脂肪就好像電力、汽油或燃料等動力來源;而維生素與礦物質所扮演的角色就如同潤滑油,缺少了它們,機器仍可運轉,只是運轉起來較不順暢,也容易出狀況。

維生素在化性上可以區分為脂溶性維生素(維生素A、D、E、K)與水溶性維生素(維生素B群、C)兩大類;脂溶性維生素不溶於水,因此不易溶於尿中被排出體外,在體內具有累積性,因此某些維生素具有毒性;而水溶性維生素則在體內不易累積,因此大致上不具毒性,但相反的卻容易缺乏。

在以前,維生素的缺乏症經常發生,那時的營養專家們會把維生素的研究專注在各種維生素對人體的作用;但近幾年來,除了維生素的基本生理功能之外,研究方向漸漸朝向維生素的附屬效能,例如維生素A、C、E除了抗夜盲、抗壞血病、抗不孕之外,其抗氧化作用更令人大為驚奇。而維生素B6、B12、葉酸等除了維持新陳代謝及造血的功能之外,其降低心血管疾病發生率更令人感興趣。維生素C的美白效果也

造成業界的震撼……這些種種非傳統的維生素功效近年來如雨後春筍般的被一提再提,但在每一種功效背後所存在的「需要量」的問題,卻較少有人注意,而這卻是維持功效中更重要的前提。

即使維生素的功效如此多元，但在飲食精緻化的潮流下，某些維生素攝取的不足也讓人憂心。我國衛生署在民國九十一年時發表了「國人膳食營養素參考攝取量」（Dietary Reference Intakes, DRIs），裡面詳盡地說明了我國各年齡層國民營養素攝取的建議量。這些建議量可以說是健康人所應達到的「最低」要求。然而，若比對民國八十七年衛生署所發表的「1993-1996國民營養現況」，我們發現，衣食無虞的我們，竟然也有如維生素B1、B2、B6、葉酸及維生素E等攝取不足的情形，其中又以葉酸及維生素E兩者的缺乏甚為嚴重。

而另一項令人憂心的便是補充過多的問題，在門診的諮詢病患之中，不乏每日食用五種以上營養補充劑的病患，這些瓶瓶罐罐中，隱藏著有維生素攝取過多的風險，有些甚至於是建議攝取量的數百倍；目前除了少數維生素經證明無毒性之外，其他的都應仔細計算，否則毒性的危害並不亞於其缺乏症。

天然的食物中所含有的維生素其實相當豐富，以人類進化的觀點來說，如果人類需要某定量的維生素，那似乎意味著自然界的飲食應含有如此多的維生素量，但可惜的是加工過程中所喪失的常遠多於剩下的，像米糠中的維生素B群、冷藏過程中維生素C的流失等都是令人惋惜的例子。在工業不斷進步的現代化文明，我們期待有朝一日能有更進步的科技，達到兩全其美的目標。

新光醫院營養課襄理

Reader Guide
本書使用方法

本書內容共分為三個主要的部分

● 第一部分
   認識維生素D

* 本章主要內容

* 本章主要內容敘述

* 本章重點健康知識

* 主要內容重點

* 一個標題一個觀念
   讀者可依此選擇自
   己有興趣的部分看

* 本段內容重點讀者
   可以依此選擇想要
   閱讀的重點

* 方便你快速找到
   自己想要的內容

* 一些與本書內容
   有關的專有名
   詞，你可以在
   〔健康小辭典〕
   中獲得更清楚的
   了解。

● 第二部分
   維生素D優質食譜介紹

* 本章主要內容

* 本章主要內容敘述

* 富含維生素D的食材

＊陽光是人體獲取維
生素 D 的主要來
源，增加鈣質的吸
收則能幫助維生素
D的吸收，此處依
食材不同，列出該
食材一百克的維生
素D或鈣質含量。

＊食材特性介紹

＊〔營養師小叮嚀〕
告訴你選購、烹
煮、保存及食用時
保留最高營養素的
小技巧。

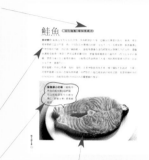

鮭魚

Easy cooking 鮭魚食譜

＊方便你快速翻
閱，找到自己想
要的食譜示範

＊富含維生素D或鈣質的食材

● 第三部分
市售維生素D補充品

＊本章主要內容
＊本章主要內容敘述
＊本章重點健康知識

Supplement
市售維生素D
補充品

維生素D
Supplement

＊選購時常見的問題

選購市售維生素D補充品小常識

■表示維生素單方
或複方

■表示其他營養素

■表示綜合維生素

＊補充品資料表：
提供該補充品相
關產品訊息

＊問題的解答

CONTENTS

第1部　認識維生素 D *Knowledge*

第2部　維生素 D 優質食譜 *Easy cooking*

第3部　市售維生素 D 補充品 *Supplement*

認識維生素 **D**

Knowledge **D**

獲得維生素D不必花錢，但維生素D不足，卻會造成重大身體傷害。從幼兒到銀髮族，維生素D和

鈣質均扮演重要的角色，認識它們並且妥善利用它們，可以讓我們身心更健康，生活更美好。

本單元將會細細說明陽光維生素被發現的歷程，太多太少對我們身體的影響，

及該如何有效且正確地獲取等。

- 什麼是維生素 **D**？
- 維生素 **D**的功能
- 維生素 **D**與鈣質
- 怎樣獲取維生素 **D**與鈣最健康？
- 維生素 **D**與鈣質在哪裡？

維生素 **D**
Knowledge

什麼是維生素 D？

維生素 *D* 的發現

十九世紀，歐洲人民生活極為困苦，工業革命風潮一起，立刻襲捲了英國曼徹斯特城，當時工廠一家家地開，居民卻多半仍住在狹小陰暗房子中，偶爾才能走出戶外。而此時的天空，卻也瀰漫著工廠排放的廢氣，許多孩童因此發育不良、生長遲緩，個個骨瘦如柴、骨骼變形，甚至死亡，這個疾病被稱為佝僂症。當時大家都知道是營養不足所造成，但病因究竟是什麼，卻無從得知。

後來，一位英國醫生Palm發現某些貧窮、飲食狀況更差的地區的兒童並無此現象，唯有一點不同，是那些地區的居民多半從事戶外的工作，而且當地的孩童也經常暴曬在陽光當中，並非如同曼徹斯特這樣的工業城，主要的活動都在光線照不到的地方。所以Palm醫生推論：陽光與佝僂症所缺乏的營養素有很大的關係。

魚肝油加入佝僂症的治療

1917年，一組研究營養的學生，以魚肝油來治療紐約貧窮地區的佝僂病患者，結果發現佝僂症狀被改善了。

1919年E.Mellanby在狗食中增加魚肝油的比例，駝背相關的疾病也改善了，同年，Edward Mellanby亦發現魚肝油可預防或治療佝僂病，但他認為這是魚肝油中維生素A的作用。

McCollum的研究，將老鼠分成兩組，一組老鼠僅吃穀類，而另一實驗組老鼠除了吃穀類外另添加「抗佝僂病物質」—魚肝油，結果發現，單吃穀類的老鼠產生畸形肋骨，形成佝僂病；而另

一組老鼠則沒有此疾病發生。McCollum
還發現，當魚肝油中的維生素Ａ被氧化

失去功能後，魚肝油依舊有預防及治療
佝僂病的效果，所以，他認為應有另一
種脂溶性維生素存在，於是「維生素D」
之名詞就誕生了。

命名為陽光維生素

　　1919年K.Huldschinsky和1922年
A.K.Hess及M.B.Gutman利用紫外光照射
治療患有佝僂症狀的幼童，結果發現：
體內某些內在物質能經由紫外線轉變為
維生素D。

　　1923年Glodblatt & Soames 發現照
過陽光的老鼠，牠的肝臟萃取物可以治
療佝僂症老鼠。

　　1924年Steenbock也發現皮膚經過
紫外線照射後，可使抗佝僂物質活化而
具有功能。

　　由於身體經過陽光中的紫外線照射
後可轉化成維生素D，供給生物體利用，
所以維生素D又被稱為陽光維生素。

健康小辭典

我真的需要「維生素」嗎？

　　自然界中，絕大部分的微生物皆可利用環
境中現有的物質去合成自己本身所需要的營
養；然而，對於高等的生物而言，這種能力幾
乎消失了，所以必需由食物中獲得。

　　西元1900年以前，許多營養學家在動物身
上發現，為什麼動物已經吃足了身體所需要的
醣類、蛋白質和脂質等重要的三大營養素了，
仍有動物不久後得病死掉。因為這樣的疑問，
也讓學者逐一的發現了各個維生素。

　　維生素是人體不可缺少的營養素，共有十
多種。他們是我們體內無法自行合成的有機物
質，雖然身體需要的量不多，但是吃不夠時卻
又會帶來特殊的臨床症狀，例如壞血病、腳氣
病、癩皮病、佝僂症……等。

　　它們可以調節我們的新陳代謝，是決定身
體裡許多重要的生理反應是否順利，進行的關
鍵物質。維生素在體內不能產生熱能也不是身
體建構組織的材料，但是確是不能沒有它們。

Knowledge

維生素 D 的外貌

　　維生素D是一群具有抗佝僂作用的維生素，而這些化合物因結構的不同，至少有十種以上，其中尤其以維生素D_2（Ergocalciferol；鈣化麥角固醇）和維生素D_3（鈣化膽固醇；Cholecalciferol）兩種形式的功能最好。其中，維生素D_2的先質為植物的麥角固醇；維生素D_3則主要來自動物性食物（如：魚肝油），或皮膚經陽光紫外線照射後，所產生的物質亦是維生素D_3。

維生素D的外型與顏色

● **外型**

維生素D_2外型為長菱形結晶，維生素D_3則是細針型結晶。

● **顏色**

維生素D_2呈現透明無色，維生素D_3則為白色。

● **特性**

　　維生素D_2、D_3這兩者皆不能溶在水裡，只能微溶於油脂和乙醇中。維生素D在丙酮、乙醚、石油醚等有機溶劑中，最穩定、最具活性、功能性也最較強，但它對於光線、氧氣與碘液相當敏感，加熱或微酸的環境會讓維生素D變得不穩定，很容易使維生素D喪失活性而失去功能。

維 生 素 D_2 、 D_3 結 構 圖

維生素D_2

維生素D_3

如何獲取利用維生素 *D*？

獲取及吸收維生素D

　　人體可以經由兩個途徑獲得維生素D，第一個途徑是透過食物來獲取維生素D_2或D_3，另一個途徑則是由身體自己合成。

身體獲得維生素D的路徑

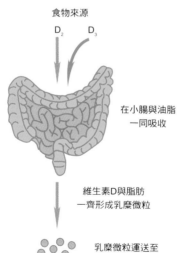

由飲食中所獲得的維生素D

食物來源

D_2　　D_3

在小腸與油脂一同吸收

維生素D與脂肪一齊形成乳糜微粒

乳糜微粒運送至全身與肝臟中

● 陽光使植物性食品、動物性食品及人體固醇物質轉變成維生素D

　　維生素D可來自於植物性食品和動物性食品以及人體皮膚。

　　植物性食品中的麥角固醇，經過紫外線的照射可變成維生素D_2。動物性食品經過紫外線照射則變成維生素D_3。而身體的膽固醇也可在體內轉變成一種固醇類物質（去氫膽固醇）後，移至皮膚，經由日光曝曬後，紫外線會將皮膚上的去氫膽固醇變成維生素D_3。

● 膽汁幫忙維生素D的吸收

　　由於維生素D是脂溶性的維生素。從食物中所取得的維生素D_2和D_3，在身體中的吸收的方式與脂肪相同，必須在小腸中與膽汁中的膽

鹽結合，變成小腸細胞所能吸收的形式，再讓小腸細胞吸收，進入身體的淋巴系統，運送到全身體的組織利用。

活化維生素D二步曲

雖然小腸吸收了維生素D，且經淋巴系統運送到身體各個組織，但仍必須轉變成荷爾蒙的形式，才具有生理功能。

● **在肝臟進行初步的活化**

轉變的過程需要在兩個器官進行，首先是在肝臟，肝臟中的酵素會將我們所吃進來的維生素D代謝成25-氫氧基維生素D_3，這就是維生素D在我們血液中存在的主要形式，但它的生理功能仍嫌太低。

維 生 素 D 的 代 謝 過 程

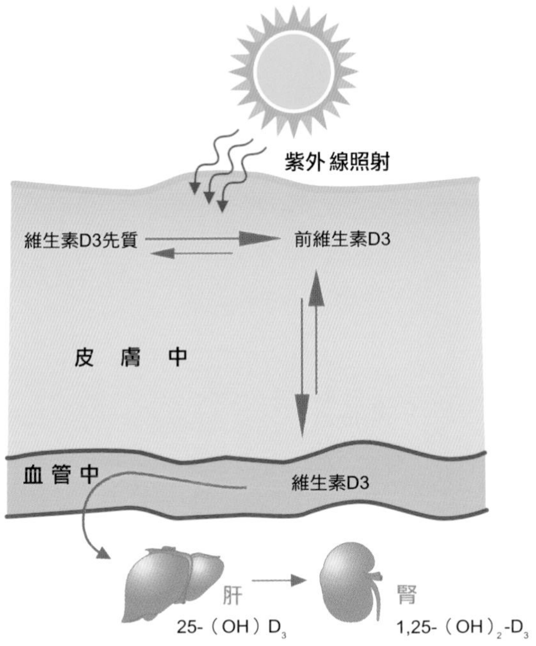

紫外線照射

維生素D3先質 ⟷ 前維生素D3

皮 膚 中

血管中 ─── 維生素D3

肝 → 腎
25-（OH）D_3 1,25-（OH）$_2$-D_3

●到腎臟中再活化

　　真正具有功能性的維生素D，必須再將25-氫氧基維生素D_3（25-（OH）D_3）經血液運送到腎臟，由腎臟中的酵素進一步將它代謝生成荷爾蒙形式的1,25-雙氫氧基維生素D_3（1,25-（OH）$_2$-D_3），如此才具有最大的生理功能。

維生素D在體內的分布

　　由於，維生素D是脂溶性維生素，所以，維生素D會相當均勻地分布在我們身體各組織的脂肪中，因此脂肪含量高的組織，維生素D濃度也高。

維 生 素 D 小 辭 典

什麼是「脂溶性維生素」？

　　維生素依其溶解性質可分為脂溶性維生素和水溶性維生素。脂溶性維生素顧名思義為可以溶解在食物之油脂類者，有維生素A、D、E、K；脂溶性維生素對於熱，較水溶性維生素安定，所以一般的烹煮較不會被破壞，而且，當脂溶性維生素遇上油脂，身體的吸收將會更有效。脂溶性維生素主要儲存在身體中，因此，很可能因加成累積作用，而造成毒性，尤其是維生素A與維生素E。

Knowledge

維生素D的功能

維生素D是骨頭的強化劑

骨頭的鈣化需要維生素D幫忙

在血液中，血鈣濃度降低時，維生素D會將骨頭裡的鈣質溶解，釋放到血液中以維持血液鈣質的平衡。另外，維生素D也可以讓我們的骨頭變得更強硬，在我們吃完豐盛的一餐後，維生素D促進小腸對鈣質的吸收，因使而血液中的鈣質增加，此時維生素D也會促進骨頭對血液中的鈣質再吸收增加，幫助骨頭的鈣化。

「造骨細胞」（osteoblasts）負責骨質的合成，首先由膠原蛋白在骨頭的末端形成網狀結構，接著鈣及磷會以合適的比例結合，然後沉積在骨頭末端的網狀結構內，如此骨頭就鈣化且硬化，成為更具有彈性、更為堅韌的硬骨。

倘若身體裡的維生素D不足，那麼小腸吸收食物中的鈣質也將不足，血液中的鈣質濃度下降，可資骨頭鈣化的鈣質當然也減少了，更糟的是，此時為了維持血液鈣質的穩定，副甲狀腺荷爾蒙將會分泌出來，讓骨頭中的鈣質游離，骨頭彷彿慢慢被掏空一般，造成骨質流失。

嬰兒與維生素D

●維生素D加入嬰兒奶粉，佝僂症絕跡

從1930年起，人們在嬰兒牛奶中加入維生素D和維生素A，並將之稱為強化牛奶。

為什麼會有強化牛奶的問世呢？因為當時的美國政府發現，許多嬰兒的骨頭容易彎曲變形，脊椎彎曲或手臂、大腿與小腿彎曲，肋骨呈現串珠狀等佝僂症的症狀發生。幾經研究發現，這些症狀是因嬰兒維生素D不足所導致，於是，

美國政府下令於嬰兒的配方牛奶中添加維生素D，每一夸脫（約940c.c.）添加400IU的維生素D，從此之後，佝僂症從此消聲匿跡。

● **寶寶只喝母乳，維生素D夠嗎？**

母乳的維生素D含量並不高，根據研究指出，平均初乳每公升的維生素D含量為16.9IU。有學者研究，如果媽媽每天所攝取到的維生素D為 600～700IU，則她分泌出來的乳汁，每公升的維生素D含量約為5～136IU，平均26IU。

由於母乳所含的維生素D含量不太高，僅喝母乳的寶寶，若沒有適度的日曬，很容易成為維生素D缺乏的高危險群。

母乳每一公升大約僅含有26IU的維生素D，與行政院衛生署的建議量400IU相比，相差甚遠，寶寶必需每天喝母奶約15公升，才能達需要量。幸好，台灣地區日曬充足，不需在太陽下曝曬太久就能讓體內產生足夠維維生素D，所以，維生素D缺乏的可能性極為微小，即使是吃母乳的寶寶也不需要過於擔心會有維生素D不足的問題。

母乳是提供嬰兒完全營養的最好食物。除非在日曬不足或是因為其他原因使得寶寶無法接觸日曬，才需要補充維生素D。

維 生 素 D 小 辭 典

何謂佝僂症（rickets）？

佝僂症（rickets）源自古英文的wrick，含有扭曲的意思，意指身材矮小的人。

在幼兒時期，如果維生素D嚴重缺乏，鈣質的吸收量會不足，使得骨骼的發育不正常，而且鈣化不全，因此骨頭無法承受太大的重量，容易造成彎曲變形、前額突出、脊椎、手臂及大小腿彎曲等現象，因而呈現O型腿或X型腿，而胸骨也會像鴿子一樣的凸起，在肋骨與軟骨連接處腫大突起，排列呈現串珠一般，如此症狀稱為佝僂症。如果這種情形發生在成年人則會造成成年人佝僂症或軟骨症。

佝僂症兒童的骨骼

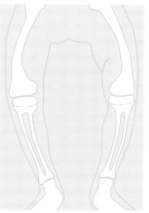

（華盛頓大學放射學系，Michael R. Richardson）

● 嬰兒配方奶粉，維生素D會過量嗎?

目前一般嬰兒配方奶粉或維生素D強化牛奶所含的維生素D為每公升400IU。

以6個月大、體重約8～9公斤的嬰兒為例，一天所需要的熱量約800～900大卡，若完全未給予副食品添加，每天必需喝足1200至1300c.c.母乳或配方奶粉才足夠寶寶生長所需。而1200～1300c.c.的配方奶粉維生素D含量約480～520IU，雖比行政院衛生署所建議的400IU高，但未達1000IU的上限，仍在容許的範圍。不過，如果媽媽給予寶寶額外過量的維生素D補充，會使得大於最高上限值的機會增加。過量添加維生素D，反而讓嬰兒的生長受阻，骨骼發育不正常，切勿盲目補充。

銀髮族與維生素D
● 什麼是骨質疏鬆症（Osteoporosis）?

隨著年齡增長與生理性的老化，人體骨骼內的骨質會逐漸減少，骨骼中鈣質流失增加，造成骨骼緻密骨層及海綿骨層的結構逐漸鬆散易碎，使得骨頭的裂痕增加、身高變矮、臀部和背部疼痛，而且有脊椎彎曲的現象。此時，骨

骨 質 疏 鬆 症 的 骨 頭 變 化

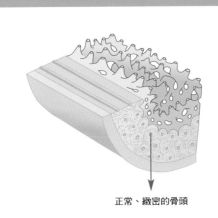

正常、緻密的骨頭

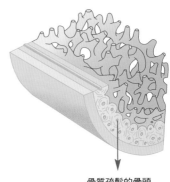

骨質疏鬆的骨頭
較不緻密且脆弱

骨質疏鬆常發生骨折的部位

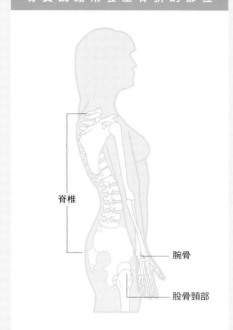

脊椎

腕骨

股骨頸部

頭就像海砂屋一般，禁不起壓力及扭轉，此為骨質疏鬆症。

骨質疏鬆嚴重的人，只要輕微的撞擊就容易導致骨折。由於男性的骨質量比女性多了約30％，所以骨質疏鬆症對女性影響較男性大。另一方面，女性在更年期之後，荷爾蒙改變，骨質更會快速流失，形成骨質疏鬆症的機會也較男性高許多。

●**骨質疏鬆症的分類**

骨質疏鬆症可以分為二類，一為停經後的骨質疏鬆症，另一為退化性的骨質疏鬆症。

■ **停經後的骨質疏鬆症**

常發生在年長的女性，以更年期後10至20年間最為頻繁，有骨質疏鬆症的女性，檢查腰部脊柱的骨質密度，可發現其骨質量比同年齡未發生骨質疏鬆症的女性少了約33％的骨質量，因此，骨頭容易變形、疼痛且容易發生骨折。

■ **退化性的骨質疏鬆症**

發生在70歲以上的長者，患有此疾病的老年人，脊柱支撐力不足，最常見的特徵是駝背、身高變矮減少約10到20公分，也常有反覆發作的背痛問題，骨折的發生部位以臀部和脊椎為最常見，尤其年紀越長越容易發生。

●**骨質疏鬆症不是更年期女性的專利**

更年期後，女性荷爾蒙的分泌減少，因此易發生骨質流失，但並非僅有更年期婦女有骨質疏鬆症的困擾，事實上，骨質疏鬆症常跟隨著絕大部分的老

年人，當然也包含了男性老人。

統計發現，臀部骨折病例中，男性因骨質疏鬆症而導致骨折發生者不在少數。男性老人也如同更年期婦女一樣，男性荷爾蒙分泌下降，因此骨質的流失將日益嚴重。

儘管荷爾蒙對骨質疏鬆的影響頗大，但還有其他原因導致骨質疏鬆，飲食中的鈣質攝取不足及身體活動量不夠，更是引發此症主因，另外，抽煙、喝酒和藥物使用也是重要的影響因子。

● **骨質疏鬆症發生的原因**

常見的骨質疏鬆原因有：

- **食物中攝食的鈣質不夠。**
- **身體對鈣質的吸收不足。**
- **身體中鈣質流失過快。**

以上三種原因都會使我們血液或組織裡的鈣質濃度下降，這時為了讓血液及組織中有足夠的鈣濃度，副甲狀腺荷爾蒙會分泌出來，它的作用讓骨頭中的鈣游離到血液，使血液維持足夠的鈣質濃度，這導致骨頭裡的鈣質流失，密度降低。

除了攝取食物中鈣質量的多寡會影響我們體內鈣離子濃度外，另外，我們也應探究導致鈣質吸收不足及流失過多的主要原由。

■ **鈣質吸收不足的原因**

1. 維生素D不夠

鈣質的吸收需要維生素D的幫助，若是維生素D缺乏，則會讓鈣質吸收下降，增加發生骨質疏鬆的機會。

2. 食物中影響鈣質吸收的物質過多。

如果飲食中含有過多的磷、草酸、植酸和游離脂肪酸等，則會妨礙鈣質在小腸的吸收，因為這些物質會和我們吃進來的鈣質結合，然後由糞便中排出體外，使得鈣質的吸收率下降。

■ **鈣質流失過多的原因**

1. 長期缺乏運動。

2. 生活壓力過大。

3. 經常大量喝咖啡、茶及藥物。

4. 女性荷爾蒙減少：如停經後婦女或
   是兩側卵巢切除的婦女。

   以上狀況均易讓骨鈣的流失增加。

● **骨質疏鬆症自我體檢**

   骨質疏鬆的診斷，除了尋求專業醫

療機構檢查，進行骨質密度鑑定外，民眾亦可檢視自己是否為骨質疏鬆症的高危險群：

1. 您的骨架是否較瘦小？

2. 您是否已到更年期？

3. 您的母親是否有骨質疏鬆的病史？

4. 您的更年期是否較早到（40歲以前）

健 康 小 辭 典

影響鈣質吸收的食物有那些？

　　磷酸、草酸、植酸、游離脂肪酸是影響鈣質吸收的物質，至於那些食物含這些物質呢？

● 磷：

蛋白質含量豐富的食物，磷的含量亦高，這也是為什麼過量的蛋白質食物攝取會減少鈣質吸收，增加鈣質流失的原因。除此之外，有些飲料如可樂、咖啡也含有磷，所以，不宜將這些飲品當白開水大量飲用。

● 植酸：

植酸多存在穀類、種子類植物的硬殼，與鈣結合變成植酸鈣，不被人體吸收。

● 草酸：

含量高的食物有，菠菜、甜菜、草莓、核桃、巧克力……等。在腸胃道與鈣質結合後則形成不被溶解的草酸鈣。

● 游離脂肪酸：

脂肪代謝會分解產生游離脂肪酸。我們飲食中肉眼可見的脂肪（如，三層肉的脂肪），甚至是隱藏在食物中的隱藏性脂肪（如：花生），這些油脂只要吃的過量，即會有過多的游離脂肪酸產生，影響鈣質的吸收。

或是有兩側卵巢切除？

5. 您是否正服用甲狀腺藥物？

6. 您是否正服用類固醇？

7. 您的身體活動是否很少？

8. 您是否抽煙？

9. 您是否酗酒？

10. 您的飲食中鈣質含量是否偏低？

　　以上十項，若您有5幾項以上的答案為「是」者，那麼您將是骨質疏鬆的高危群。

● **不讓骨質疏鬆症上身有方法**

　　如果您屬於上述之高危險群者，該如何避免骨質疏鬆症的發生呢？

1. 適度的運動。如，走路、慢跑、跳舞和爬樓梯等運動，可以讓骨頭變強硬，而游泳、瑜伽和騎腳踏車則無法讓我們的骨頭強壯。

2. 適當的日曬。陽光可幫助身體製造維生素D，有助於鈣的吸收利用。

3. 戒煙。

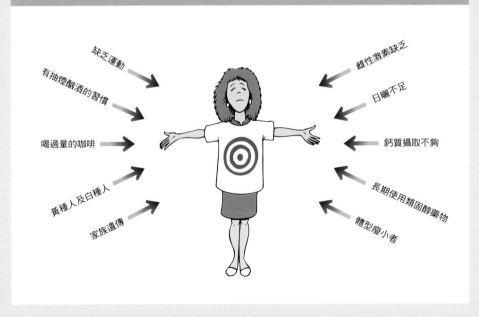

骨 質 疏 鬆 症 的 高 危 險 群

缺乏運動

有抽煙酗酒的習慣

喝過量的咖啡

黃種人及白種人

家族遺傳

雌性激素缺乏

日曬不足

鈣質攝取不夠

長期使用類固醇藥物

體型瘦小者

4. 不要過度飲酒，以避免造成營養不良及骨鈣流失的增加。

5. 足夠的鈣與維生素D攝取強化骨質。

6. 放鬆心情。因為壓力會減少鈣的吸收，並增加骨質分解。

7. 適當的雌激素治療。更年期時，若症狀嚴重，可以實施適當的荷爾蒙治療，唯因補充荷爾蒙並非每個人均可適用，而且亦有副作用，應由醫師詳細評估後，才可使用。

8. 由年輕時就開始儲存骨本。

●為什麼要及早儲存骨本

歲月決定著骨骼的密度，40歲左右的成年男女，骨質密度已逐漸走下坡，平均每年下降1.2％。女性在更年期後5～10年，骨質的流失約2～3％，在一生中，骨質的流失可高達45～50％，男性流失的骨質也幾近30％。嚴重的骨質流失，會進展成骨質疏鬆症，骨頭變得易碎、有孔洞，嚴重易導致骨折。

在生命進行的過程中，人體骨骼的代謝分解與合成更新不斷地進行，因此身體可以維持成長，也可適應種種的壓力（如：血液鈣質的平衡），並且修補年長老化所發生的輕微骨折。

根據研究顯示，人體的骨質在幼年時期經青春期直到成年前期，骨質的蓄積率會大於代謝率，約25～30歲時骨質蓄積達到高峰期，35歲以後，分解會大於合成的，所以累積骨本一定要趁早，把握年輕時的黃金階段。

維生素 *D* 戰勝關節疾病

骨關節炎

●什麼是骨關節炎（Osteoarthritis）？

　　骨關節炎又稱為退化性關節炎，是關節炎中最常見的一種，易罹患此病者通常以老年人或年輕時從事大量運動與勞力工作者居多。

　　骨關節炎的發生率隨著年紀增長，發生的機會也越高。30歲以下的成人罹患骨關節炎的機率為1％，即每100人中可能有1人患有骨關節炎；40歲以上的罹患機率較高，為10％；而大於60歲的罹病機率更高，每2個人就可能有1人有此困擾。

　　隨著人體的老化，關節軟組織逐漸磨損消耗，使得軟組織變薄、沒彈性，因此走路活動時，身體所產生的力量會直接壓在軟組織下方的骨頭，日積月累之後，關節周圍會有發炎、疼痛的問題，局部產生了變性、硬化、甚至壞死，因此，雙膝容易有持續疼痛或酸痛，走路時發出卡卡的聲音，嚴重者活動會受限制。

　　骨關節炎中最常見的是膝關節炎，因為膝蓋需承受身體每天活動所產生的壓力，如果體位屬於過重（即身體質量指數大於24）的人，壓在膝蓋的力量將會更大，經過長時間的磨損，又加上血液循環漸漸變差，膝蓋處的軟組織彈性也逐漸減少，因此膝關節炎就更容易發生。

●骨關節炎發生的可能原因

- 老化。
- 肥胖。
- 因糖尿病或痛風等慢性疾病所引起。
- 關節因受傷被細菌感染，復原後容易發生退化。
- 關節發育不良。

●骨關節炎常發生的部位

- 膝蓋關節
- 臀部關節
- 脊柱關節

- 腳踝關節
- 大拇指關節
- 腳趾之骨頭間的關節

類風濕性關節炎

● 什麼是類風濕關節炎（Rheumatoid Arthritis）？

類風濕性關節炎的發生率較退化性關節炎少，但是，疼痛的程度卻較為嚴重。類風濕性關節炎是一種慢性的、全身的免疫方面疾病，它會讓人變得虛弱甚至造成殘廢。

真正病因並不很清楚，目前只知是關節骨質與關節活動的「潤滑液」，受到體內自己形成的抗體攻擊，引起發炎、關節積水腫脹、疼痛、僵硬（早晨尤甚）。

此病會突然發作，然後休止。發生率為3%，每100人即可能有3人患有類風濕性關節炎，尤其女性罹病機率高於男性，約是男性的3倍。

類風濕性關節炎第一次

發病常在40 歲左右，而且晚年發生類風濕性關節炎的機率也高於早年，一旦發作後，便容易反覆的續發，台灣地區目前約有十萬人罹患此病。

● 類風濕性關節炎常發生的部位

類風濕性關節炎疼痛多發生在掌指關節處，以近端手指骨關節與腳趾之骨頭間的關節最容易發作，常是對稱性的

維 生 素 D 小 辭 典

何謂身體質量指數（BMI）

身體質量指數（BMI；Body mass index），是成年人肥胖的判定指標。

所謂的身體質量指數，其計算方式為體重（公斤）除以身高（公尺）的平方，即kg／m²。以一個體重60公斤，身高170公分的人為例，他（她）的BMI為 60÷1.7÷1.7＝20.8。

根據Dr. Bray等人的研究，發現BMI值在22時，其罹病率及致病率皆是最低的，所以，所以維持體想的體重是遠離慢性疾病的第一步。

而理想的體重應是多少呢？

理想體重的BMI應位於18.5～23.9；如果BMI大於24那就表示體重過重，需要飲食控制，且運動也不能少喔！倘若BMI大於27，表示該加入減重行列了，因為這已經是屬於肥胖族群了。當然，若是BMI小於18.5，表示是體重過輕，有營養不良問題，甚至將會發生身體免疫力下降。

Knowledge

發作，也就是當類風濕性關節炎發作時，通常是兩手掌指關節一起發炎，亦是雙腳的腳趾一同發炎。初期發作時，只要稍作活動就可以緩和不舒服的症狀；但是，若是沒有給予適當的治療，關節週圍會呈現纖維化，最後骨骼會出現變形、畸形。

維生素D可以預防關節的問題

一項美國的臨床研究，追蹤500位男女8年的飲食狀況，發現經常攝取高劑量維生素D的人，得到膝關節疼痛的退化性關節炎比例遠低於攝取低劑量維生素D的人。而且，對於本身患有退化性關節炎的人而言，維生素D也可緩解病情惡化。

根據世界衛生組織（WHO）的統計，照顧一名風類濕性關節炎的病患，每年的花費將超過6千美元。因此，美國研究人員於1986年針對約3萬名55～69歲，且未曾罹患類風濕性關節炎女性的飲食狀況進行分析，此研究長達11年，調查的內容包括飲食習慣、補充劑的使用、抽煙習慣以及體重狀況。

由此次的調查中發現，類風濕性關節炎的罹患機率隨著維生素D攝取增加而有降低的趨勢。在這項歷時11年的研究中，研究人員也同時發現了150多例的類風濕性關節炎病例。參與研究的Kenneth G.Saag博士發現，如果每天攝取小於200國際單位（IU）的維生素D，則患有類風濕性關節炎的機會比每天攝取大於200國際單位維生素D的人大約增加33％。

Kenneth G.Saag博士建議，無論是從食物中或是從補充劑中取得維生素D，每天應有400國際單位的攝取。

健 康 小 辭 典

什麼是國際單位（I.U.）？

所謂的國際單位（I.U.）是維生素A與維生素D兩種營養素含量的計量單位。在某些書籍中，也會以「微克」當計算單位。1微克的維生素D相當於40國際單位。

Knowledge

維生素 D 與癌症的新發現

國人的十大死因，惡性腫瘤已連續21年奪得冠軍寶座，累計民國92年共有3萬5千多人死於癌症，平均每15分鐘就有1人因癌症而身亡。行政院衛生署公布民國92年台灣地區國人十大癌症死亡原因，全國10大癌症排行榜分別是：

第一名　肝癌

第二名　肺癌

第三名　結腸直腸癌

第四名　女性乳癌

第五名　胃癌

第六名　子宮頸癌

第七名　口腔癌

第八名　攝護腺癌

第九名　非何杰金淋巴癌

第十名　胰臟癌

結腸直腸癌（colon cancer）

結腸直腸癌是世界上最普遍的惡性腫瘤，有文獻報告它是世界癌症死亡原因的第二大主因。

根據行政院衛生署統計，國人結腸直腸癌排行居十大癌症死因之第三名，僅次於肝癌及肺癌。

● 遺傳因素導致結腸直腸癌約佔30％

有研究顯示，結腸直腸癌的發生，遺傳因素佔有一定地位，約有3成的結腸直腸癌與遺傳有關，家族有結腸直腸癌病史的人，罹患機會會比一般人高二至三倍。

● 飲食習慣導致結腸直腸癌約佔70％

另一項與與結腸直腸癌有極密切關係，就是我們的飲食習慣—食物。

有學者認為結腸直腸癌發生，70％緣於環境因素，特別是飲食習慣。研究顯示，飲食習慣的改變，尤其是高油脂食物，會增加結腸直腸癌發生的機會。

結腸癌的發生，在許多文明國家都有上升的趨勢，此乃因飲食型態偏向精緻化，而且肉類食物與動物性油脂吃得

過多，膳食纖維含量高的蔬菜及水果吃得少所導致。

台灣因為飲食習慣的西化與環境的變遷，結腸直腸癌的罹患率也不停攀升，成為癌症死亡的三大主因之一。

■ **膳食纖維降低結腸癌發生**

飲食中膳食纖維增加，有助於身體之糞便體積增加，刺激大腸蠕動，減少糞便停留在腸道的時間，讓腸壁與糞便中的有毒物質接觸時間減低。

■ **膳食纖維可以增加好菌，減少壞菌**

在人體的腸道，有好菌與壞菌相互競爭生存，壞菌會讓我們消化道的膽酸變成致癌物質。如果肉類食物或油脂吃得過多時，身體裡消化肉類食物及油脂所需要的膽酸便會分泌增加，同時，若是腸道的菌叢以壞菌居多時，那麼結腸癌的發生機率將會增加。

增加膳食纖維，可以改變體內腸道的菌叢生態，減少壞菌生成，增加益菌（如乳酸菌）數量。

● **維生素D與結腸癌的關係**

我們由飲食攝取的油脂，在消化吸收的過程中需要膽酸協助，所以攝取越多的油脂，膽酸的分泌也越多。

膽酸是由膽固醇轉變而來的，最主要的作用是幫助脂質的消化，協助脂質消化後的膽酸，身體會由腸道再吸收回肝臟，通常這些膽酸已屬於有害的「前致癌物」。

美國德州西南醫學中心的研究團隊指出：維生素D可以讓腸內協助脂肪消化後的膽酸保持平衡，可以預防大腸癌的發生。亦有研究發現：維生素D除了能使體內血鈣保持恆定外，另一個作用是能與有害的膽酸結合。萬一人們食用大量脂肪時，將有大量有害的膽酸產生，所以高油脂、少纖維飲食習慣的人，體內應有足量維生素D。

對於未罹患結腸直腸癌的人，研究人員認為維生素D具有保護的作用。美國研究人員進行了一項研究發現，維生素D可以減少腫瘤發生和惡化。

維生素D與乳癌（breast cancer）

乳癌是台灣地區重要的公共衛生問題，過去十年間，乳癌發生率有逐年上升之趨勢。而近年來也發現，國內婦女乳癌發生的年齡與歐美國家相比，似乎有年輕化的情形。

●主要的臨床表徵

乳癌一直是女性常見的惡性腫瘤之一，它的發病率高，而且具有侵襲性。

發生原因主要是乳腺導管上皮細胞發生不正常的增生，超過身體自我修復的上限，因而發生病變。臨床上的症狀包括：

- 乳房腫塊但不會疼痛。
- 乳頭有凹陷。
- 乳頭分泌異物，尤其是帶有血絲的分泌物。
- 乳房外型改變，局部凹陷或凸出。
- 乳房皮膚呈現像橘子皮一樣的變化，甚至紅腫或潰爛。
- 腋下淋巴腺腫大。

●乳癌的高危險群：

- 五十歲以上婦女。
- 具有乳癌家族史者，如母親或姐妹曾得過乳癌。
- 早期乳房曾受到放射線照射。
- 初經早於12歲或停經晚於55歲。
- 大於30歲未曾生育的婦女。
- 曾患乳房纖維囊腫等良性疾病者。
- 高脂肪及高熱量飲食的人。
- 重度喝酒者

- 服用口服避孕藥及停經後補充荷爾蒙者。

●維生素D與乳癌之關係

專家認為，在高脂飲食中添加鈣和維生素D有助於預防癌症的發生。

流行病學的研究也證明，當脂肪攝入量超過飲食總熱量的40％時，容易引起乳房、前列腺、胰腺上皮細胞過度增殖，因而使乳癌、大腸癌、前列腺癌等癌症的發病率明顯上升。

大陸鄭州大學細胞生物研究室主任薛樂勳教授與美國腫瘤學者合作進行研究，在高脂肪飲食中添加鈣和維生素D，結果發現，給予高脂肪飼料餵食的小白鼠，上皮細胞發生病變明顯升高。但在高脂肪飼料中添加適量的鈣及維生素D後，小白鼠的細胞病變明顯減少。而餵食正常脂肪比例飼料的小白鼠，則沒有細胞病變的生成。依此推論，維生素D能有效抑制上皮細胞過度增殖，而有助於預防癌症的發生。

《國際癌症雜誌》也刊載了一份報告，描述在老鼠實驗中，維生素D能與致癌蛋白質的抗體結合，可抑制乳癌細胞增長。

在美國的第一次營養大調查發現，維生素D的攝取與降低乳癌的發生率有關。國外之學者，追蹤88,000婦女，為期16年的乳癌發生率，結果發現，更年期之前的婦女攝取高劑量維生素D可降低乳癌的發生率，但若是更年期後才攝取高劑量維生素D的婦女則無此現象。

維生素D與前列腺癌（Prostate cancer）

前列腺是男性最大的附屬腺體，負責製造前列腺液與精子，兩者混和形成精液。前列腺癌是前列腺細胞發生異常增生所引發的疾病。

● 前列腺癌常見的症狀：

早期前列腺癌幾乎沒有特殊的徵兆，讓很多患者不易察覺，有症狀出現時常屬於晚期了，其症狀為：

■ 排尿困難，久久無法排出。

■ 尿液間斷不順暢。

■ 排尿時有疼痛感。

■ 鼠蹊部腫脹。

■ 腰部、臀部和骨盆疼痛。

● 維生素D缺乏，增加前列腺癌的風險

男性受前列腺癌困擾，日益增加，

生理的老化是一因素，而飲食也是影響的原因之一。目前雖然歐洲的發生率大於東方，不過，亞洲國家似乎也有日益普遍的趨勢。

流行病學統計，前列腺癌的發生與維生素D的不足有關，隨著年紀的增加，日曬機會減少，同時身體合成的維生素D量也下降，罹患前列腺癌的機會就相對地提升了。

芬蘭的醫學專家進行前列腺癌的研究，對約19,000名40至60歲的男性進行追蹤，為期13年，研究結果指出：體內若缺乏維生素D，會增加前列腺癌的風險，同時也會加速前列腺癌細胞的擴散。

芬蘭的男性，冬天因光照較少容易有維生素D不足的情形發生，他們患前列腺癌的機會，約為一般正常人的1.8倍。研究中亦發現，該年齡層的男性，當體內維生素D不足時，患有前列腺癌的機會是正常人的3.5倍，前列腺癌擴散的機會增加了6.3倍。因此，研究人員認為，足量的維生素D有助於遏止前列腺癌細胞的分裂與擴散。

維生素 *D* 可治療牛皮癬

● 什麼是「牛皮癬」

牛皮癬又稱「乾癬」、「銀屑病」，是一種時好時壞無法根治的皮膚病。主要症狀為：皮膚層層脫落，呈現紅色的斑塊，表面粗糙，覆蓋著一層層銀白色的皮屑，而且患者感覺奇癢無比。此症會反復發作，雖然不至於危及生命，但卻嚴重影響人們的正常生活。

● 好發的部位

牛皮癬最常發病的部位為裸露的部位，如頭部、四肢、前胸及後背等。但是，嚴重時也可能是長滿全身，如：手掌、腳掌或皮膚長膿疱、頭皮發炎、指甲凹陷、甚至影響到生殖器官。

● 維生素A與維生素D共同維持皮膚健康

維生素A和維生素D可以共同控制我們的「基因」，讓我們的皮膚細胞正常生長。一般而言，正常的皮膚細胞可以分泌一種蛋白叫作「醣蛋白」，醣蛋白會覆蓋在我們皮膚的表面，它可以讓皮膚細胞的水分不會揮發，保持皮膚的濕潤，讓我們的皮膚水嫩健康。

倘若，維生素A或維生素D不足，皮膚細胞的醣蛋白分泌會減少，取而代之的是「角蛋白」，角蛋白會讓皮膚角質化，也讓皮膚變得乾燥且容易龜裂。

牛皮癬發生的主要原因是皮膚的角蛋白不正常地大量增生，此病進展多半緩慢進行，但有時也會是急性發作，初期的牛皮癬像粟子般的小紅斑，接著表面會出現銀白色皮屑，輕輕的刮，就可以被剝下，但隨著病情的進展，牛皮癬會向四周擴張，彼此相互融合後，形成大小不一的紅色斑片。

● 維生素D可治療牛皮癬

維生素D有加強皮膚免疫系統正常運作的作用，它可以讓皮膚的角蛋白減少，使皮膚保持完整不會乾燥龜裂，因而可以抵抗發炎。因此，維生素D和維生素D的衍生物對於牛皮癬有治療的效果。

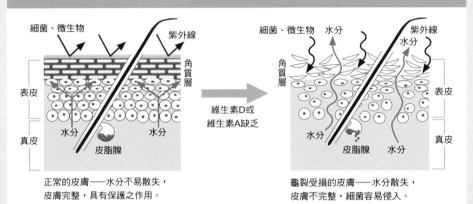

細菌、微生物　　　　　　紫外線

角質層

表皮

真皮

水分　　　　　水分

皮脂腺

正常的皮膚——水分不易散失，
皮膚完整，具有保護之作用。

維生素D或
維生素A缺乏

細菌、微生物　水分　　　　紫外線
　　　　　　　　　　水分

角質層

表皮

真皮

水分　　　皮脂腺　水分

龜裂受損的皮膚——水分散失，
皮膚不完整，細菌容易侵入。

對於牛皮癬的治療，除了維生素D外，另外還可以補充：

■ **β-胡蘿蔔素**

食物中的β-胡蘿蔔素進入身體後可以轉變成維生素A，維生素A與維生素D一起維護皮膚的健康，增加皮膚的免疫功能。

■ **硒**

硒是一種礦物質，具有抗氧化的功能。食物中瘦肉、海鮮、堅果、全穀……等食物，含量皆很豐富。在牛皮癬患者血液中，通常硒的含量會降低，所以應給予補充。

■ **維生素B12**

維生素B12在人體中與紅血球的形成有關，若不足，容易發生貧血。正使用免疫抑制藥物治療的嚴重牛皮癬患者，血液中維生素B12的量會較一般人低，所以應適度補充維生維生素B12，可以防止貧血的發生。

■ **葉酸**

葉酸和維生素B12一樣，與造血功能息息相關，所以，葉酸不足時也會發生貧血。

儘管如此，牛皮癬仍需由專業的皮膚科醫師做治療，飲食改善與專業治療應齊頭並進，以達最佳的療效。

維生素*D*可以控制高血壓

● 正常血壓值

高血壓是指血壓超過正常的範圍。依據2003年美國監測評估及治療高血壓聯合委員會第七次會議（JNC VII）最新發表的高血壓定義：所謂血壓正常值是指收縮壓 （即高壓）小於120毫米水銀柱，且舒張壓 （即低壓）小於80毫米水銀柱。

● 邊際高血壓

如果血壓值測量出來，收縮壓位於120～139毫米水銀柱或舒張壓為80～89毫米水銀柱則稱為「邊際高血壓」，也就是血壓已在高血壓邊緣。

由國外研究統計歸納，已有邊際高血壓的人，4年內約有1／3的人會變成高血壓。所以，當發現自己已是邊際高血壓時，應更注意監測血壓，適度調整飲食習慣與生活作息。

● 高血壓

如果收縮壓大於、等於140毫米水銀柱或舒張壓大於、等於90毫米水銀柱，即是高血壓。

● 高血壓在台灣日益普及

1993～1996年台灣國民營養與健康調查結果顯示，國內19歲以上男性有26％、女性19％患有高血壓，45歲以上的中老年男女約有40％～45％有高血壓，65歲以上的老年更達五成患有高血壓，高血壓在台灣已是相當普遍的慢性病。隨著實證醫學的普遍及流行病學的進步，高血壓被認為是導致中風及心血管疾病的重要原因，所以，高血壓的預防與控制也越顯得重要。

● 維生素D與高血壓呈負相關

流行病學及臨床研究發現，高血壓的罹患與我們體內的維生素D濃度呈負相關，也就是說，如果身體中維生素D濃度低時，高血壓的罹患率會增高。

一個荷蘭的臨床試驗，十八位患有高血壓的男女，冬天時每週日曬三次，

為期六個星期，結果發現，他們血液裡的維生素D含量上升，且24小時的收縮壓與舒張壓皆平均下降6毫米水銀柱。

一個維生素D補充的隨機控制試驗中，將年老女性隨意分四組，第一組為每天補充1,600IU的維生素D與800毫克的鈣質，第二組每天僅補充800毫克鈣質，第三組為每天單一補充100,000IU的維生素D，第四組補充400IU的維生素D與800毫克的鈣質，為期共八週。

結果發現，每天補充1,600IU的維生素D與800毫克的鈣質，他們的收縮壓比僅補充鈣質的人顯著下降9%，而另外二組血壓則沒有顯著的下降。

所以，足夠劑維生素D合併鈣質補充，有助於高血壓的治療和控制。

但由於此研究中使用的劑量比衛生署建議民眾每日攝取量高出甚多，若要補充，仍須與您的醫生討論，莫自行隨意補充。

健康小辭典

而常見的高鹽食物有哪些呢？

- 調味料：

  食鹽、鮮雞精、雞湯塊、味精等。
- 醃製品：

  榨菜、酸菜、梅乾菜、筍乾、蘿蔔……等。
- 加工食品：

  罐頭製品、醃燻食物、火腿、香腸、蜜餞等。

Knowledge

其他控制血壓的方法

雖然有95%以上的高血壓找不到真正原因，但仍有一些可能的危險因子，我們必可以檢視可能發生高血壓的原因，進而避免此病症的發生。

可能發生高血壓的原因有：

- **遺傳**
- **吸煙**
- **體重過重**
- **高鹽飲食**
- **飲酒過量**
- **壓力**
- **其他**

雖然我們無法改變每一項的危險因子，但是，您可以從調整生活型態改及變飲食習慣開始。戒菸、適度飲酒與規律運動當然是改變生活型態的第一步

驟。不再當癮君子了，也不要不醉不歸了，選擇喜愛的運動，每天規律運動30分鐘，進行體重的控制。

您知道嗎？體重每下降5公斤，收縮壓可以下降10毫米汞柱，舒張壓下降5毫米汞柱，所以，下定決心規律運動、維持標準體重吧！

接著，改變您的飲食習慣，減少每天過多的食鹽攝取，均衡攝入六大類食物。行政院衛生署建議，一般健康國人一天食鹽攝取為8～10公克，而有高血壓的人，則要控制在每天5公克以下。而增加鉀離子攝取可以促進鈉離子的排除，進而調節血壓。食物中蔬菜水果的鉀含量佔每日身體需求的一半，所以每日均衡進食六大類食物即可獲取足夠的鉀離子。

健 康 小 辭 典

如何 減少鹽分 又不失食物美味?
- 調味用品以沾食的方式使用，讓鹹度保留在食物表面，可減少食入量。
- 利用蔥、薑、蒜、九層塔、八角、花椒、肉桂等辛香料，提高食物的香味。
- 利用蒸、烤或燉等烹調方法保持食物鮮味。

Knowledge

維生素 *D* 照顧您的聽覺

身體中最小的骨頭，讓我們聽見美妙的樂章

身體中最小的骨頭在哪裡？答案是我們的雙耳。在中耳內有三塊「聽小骨」，雙耳能聽到聲音就是利用這三塊聽小骨將聲音的震動由鼓膜傳到內耳的耳蝸骨，接著再將聲音傳送至大腦，於是我們就可以「聽」到聲音。如果這些小骨受傷，讓聲音傳送的過程無法完整，即為聽力受損。

隨著年齡的增長，因人體老化而致使聽力衰退。統計發現，65歲以上的老人，每4個人約有1個人聽力喪失。

聽覺的退化與維生素D相關

英國醫學學者指出，老年人某些聽力減退的原因，可能和體內維生素D的不足有關。

研究發現，身體裡維生素D下降，不僅造成我們聽覺上的功能障礙，而且也會造成鈣質的代謝紊亂，導致內耳耳蝸骨損傷，聽覺上皮細胞會遭受到破壞，最後導致聽力逐漸喪失。

有些學者更進一步的發現，維生素D在人體血液裡的含量會隨著年紀的增加而下降，因此學者認為，維生素D缺乏與老年性耳聾病因學有重要的相關。

補充維生素D，聽力明顯有改善

通過對老年性耳聾患者的研究證實，對於體內維生素D不足的患者，給予補充維生素D治療後，聽力有明顯改善。所以，要讓退休老年生活保有良好的聽力，繼續享受美妙的樂聲，攝取足夠的維生素D很重要。儘管如此，倘若您想嘗試補充高劑量的維生素D補充劑，仍需要與您的醫生討論。

維生素 *D* 與發炎性腸炎

什麼是「發炎性腸炎」

區域性腸炎（Crohn's disease）與潰瘍性腸炎（Ulcerative disease）兩者皆為發炎性腸炎。

區域性腸炎主要為迴腸末及大腸發炎，會有腹部疼痛、腸蠕動過快、腹瀉等症狀。這類型腸炎的診斷不易，經常容易與其他腸道發炎疾病相混淆。

潰瘍性腸炎則是大腸發生慢性發炎和潰瘍，而且，患者會有腹部不適和腹瀉，同時也會伴隨血便的發生。

維生素D有緩解發炎性腸炎的作用

維生素D缺乏會增加發炎性腸炎的發生機率，尤其是小腸切除的人，其發病機率尤其高。

在美國北方，每1,000人即有一人患有發炎性腸炎。由追蹤調查發現，因美國北方的氣候寒冷且日曬不足，因此，長期居住該區的居民，比其他地區居民更容易有維生素D的缺乏的情形。加拿大因天候更冷且陽光更不足，該區的居民罹患此發炎性腸炎的機率也較高。

在2000年初，透過老鼠動物實驗研究發現：維生素D對於發炎性腸炎的治療有很大的幫助。雖然，這仍在動物實驗階段，暫還不知在人體的療效會如何。不過，對於發炎性腸炎的病患而言，已算是個好消息。

區域性腸炎與潰瘍性腸炎常見的發炎位置

常見的發炎位置（紅色表示發炎）

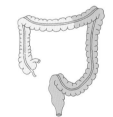

潰瘍性腸炎（Ulcerative disease）

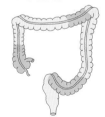

區域性腸炎（Crohn's disease）

維生素 D 與鈣質

為什麼我們需要鈣？

鈣質在體內的分布

鈣質在我們身體裡的重量約是體重的1.5～2％，若以一個60公斤的成年人來計算，大約有1200毫克的鈣存在身體裡。

鈣質在身體裡的分布，98％存在的骨骼中，1％在牙齒，而另外1％的鈣質則在血液中。

鈣質的功能

● **強韌骨骼，預防骨質疏鬆**

一般人對鈣質的印象是預防骨質疏鬆症。沒錯，骨質疏鬆症發生的最主要原因是骨中鈣質的流失了。

鈣質是身體的建築材料之一，骨骼構成身體的框架，而鈣質是決定這個框架堅固與否的重要因素，因此，飲食中鈣質攝取不足，或是鈣質吸收減少，是

罹患骨質疏鬆症的主要成因。再加上人體的鈣會隨年齡老化的流失，所以鈣的補充就更加重要了。

● **鈣質為構成牙齒的主要成分。**

● **幫助血液凝結**

鈣質參與我們血液凝固的作用，身體裡的血液凝固除了需要維生素K及其他凝血的因子外，少了鈣質，血液的凝固也會受影響。

● **防止抽搐**

鈣質與神經系統感應控制及肌肉收縮有關，如果血液中鈣質過低，會有手足痙攣的現象發生。

● **鈣質可以調節心跳，控制血壓也是肌肉（包括心肌）收縮所必須**

● **鈣質可協助神經訊息的傳送。**

維生素D與鈣質的關係

雖然在血液裡的鈣質僅1％，但卻很重要，若是血液裡的鈣質低，身體會將骨頭中的鈣「拉到」血液中，讓我們的骨質漸漸被「掏空」，骨質密度下降，骨質疏鬆、骨折等問題將找上門來；當然，我們的身體也會想辦法減少鈣質的流失與促進鈣質的吸收。

維生素D維持血中鈣質的平衡

所以，如果血液裡的鈣質太低時，副甲狀腺荷爾蒙會被分泌出來，身體也將進行一連串的變化。首先，在肝臟活化過一次的維生素D會隨著血液循環到達腎臟，而此時的副甲狀腺荷爾蒙則再將此維生素D進行第二次的活化，形成最具有生理功能的維生素D。

●維生素D幫助腎小管重吸收鈣質

1,25-雙氫氧基維生素D_3可以促進腎小管將尿液中的鈣質再吸收，避免鈣質由尿液排出體外。

●維生素D促進小腸吸收鈣質

1,25-雙氫氧基維生素D_3還可以促進小腸增加分泌一種利於鈣質吸收的蛋白質。此蛋白質會與鈣質結合，由食物中攝取到的鈣質將能更有效的被小腸吸收，然後進入血液循環，增加血中的鈣質濃度。

●維生素D和副甲狀腺荷爾蒙的協同作用使血鈣維持在正常濃度

血液中鈣質低時，沉積在骨頭的鈣質將被釋出，游離到血液中以維持血液中鈣質的正常濃度，此作用必須有1,25-雙氫氧基維生素D_3與副甲狀腺荷爾蒙的協同，才能發揮功能。

影響鈣質吸收的因素

讓鈣質吸收加分的因素

●乳糖

　　腸道中少量的乳糖經過發酵後可變成乳酸，乳酸可以與鈣結合形成乳酸鈣，有助於身體對鈣質的吸收，因此少量喝奶牛奶可以增加鈣質的吸收。

　　而長時間不喝牛奶，或突然喝下一大杯牛奶，就引起腹部疼痛、拉肚子之乳糖不耐症的人，因長期沒有足夠鈣質補充，容易有骨質疏鬆的危險。

●優質蛋白質

　　適量的優質蛋白質，如瘦肉、魚類、蛋製品、豆製品、各式海鮮等優質蛋白質，有助於鈣質的吸收。但蛋白質若是攝取過量，會適得其反，反而增加鈣質從尿液中排泄出體外的機會。

●檸檬與醋

　　酸性的條件下，有利於鈣質的吸收。人體的腸道，因為胃有分泌胃酸，可以讓小腸保持適當的酸度，利於鈣質在小腸的吸收。在日常烹調，檸檬與醋也有相同效果。

●身體本身的調控機制

　　人體是很奧妙的，當我們體內需要較多的鈣質時，身體會下達指令，讓我們從食物中所取得的鈣質達最高的吸收量。所以，在生長發育旺盛的時期，如幼兒期、青春期、懷孕期與哺乳期，鈣質的吸收率都會增加。

讓鈣質吸收減分的因素

●磷

　　身體的骨骼及牙齒發育除了需要鈣質外，也需要磷的幫忙，因此磷對於骨頭、牙齒的健康很重要。但矛盾的是，飲食中攝取磷質並非越多越好，過多的磷會讓鈣質吸收下降，所以，飲食中鈣與磷攝取的比例，最好是1：1。

　　磷，主要存在蛋白質豐富的食物中，這也是為什麼過量的蛋白質食物攝

取，會減少鈣質吸收增加鈣質流失的原因。富含磷的食物除了蛋白質以外，有些飲料如可樂、咖啡也含有磷，所以，不宜將這些飲品當白開水大量飲用，否則鈣質的吸收率會下降。

正值發育時期的青少年攝取磷質太多，容易因鈣質不足影響骨骼發育，會造成矮人一截的結果。

● 草酸、植酸

飲食中過多的植酸或草酸會與攝入體內的礦物質結合，所以鈣質也會被結合，而形成不可溶解的鈣鹽，阻礙鈣質的吸收。

植酸大多存在穀類、種子類植物的硬殼中，與鈣結合變成植酸鈣，不被人體吸收。

草酸含量高的食物有：菠菜、甜菜、草莓、核桃、巧克力……等，食物中的草酸在腸胃道與鈣質結合後則形成不被溶解的草酸鈣。其實菠菜是富含鈣質的蔬菜，約僅5％能被人體吸收，原因就是它的草酸含量亦高的緣故。

● 肉類食物吃太多

現在人的飲食習慣大魚大肉或是速食，不僅吃進過多的蛋白質也會吃進過多的油脂，蛋白質含量高的食物，磷的含量亦高，所以會降低鈣質的吸收。

而油脂代謝會分解產生游離脂肪酸，過多的游離脂肪酸在腸胃道會與鈣質結合，產生皂化作用，形成不溶的鈣化合物，導致鈣質的吸收率下降。

● 缺乏運動

長時間臥床不活動不運動的人，鈣質吸收會減少。

運動，尤其是抗阻力運動如快走、慢跑，可增加對骨骼的壓力使骨骼更堅實。運動除了可以保養骨骼系統，促使鈣質吸收之外，還有許多的好處，包括改善心肺功能，增加肌肉的力量和耐力，改善身體的協調性與平衡感，如此皆能有效減少跌倒的發生，也可以避免骨折。

鈣質與疾病的關係

鈣質與心血管疾病

　　由於身體的老化，老年人的皮膚經日曬所產生的維生素D會降低。老年人身體製造維生素D的量，約僅是20～30歲年輕人的20％，加上老年人腸胃道的吸收較弱，造成維生素D的吸收也易不足。因此，除了鈣質從骨頭中流失造成骨質疏鬆外，另一方面，流失的鈣質也和心血管動脈硬化有重要的關係。

　　鈣質和維生素D皆攝取不足時，血液中的鈣質濃度會下降，迫使身體的「副甲狀腺荷爾蒙」分泌，讓骨頭中的鈣質游離到血液中，以維持血液鈣質的恆定，使得血液中鈣質濃度急遽增加，「過多的鈣質」會沉積在我們的血管壁上，血管壁越來越厚，彈性越來越差，血管的管腔也

越來越小，因此，血液流過時，對血管所產生的壓力上升了，高血壓、動脈硬化等心血管相關疾病便陸續浮現。就如我們日常所用的水管一般，如果固定的水流量流經水管，管腔小的水管，所承受水流的壓力勢必比管腔大的水管大，總有一天，水管會因此而不堪使用。

　　因此，每天攝取足夠的鈣質，可預防骨質流失與心血管相關的疾病發生。

鈣質與大腸結腸癌

　　研究顯示，攝取足夠的鈣質，除了強化骨質外，而且可預防大腸結腸癌的發生。

　　大腸結腸癌的發生，與高油脂的飲食有相關，高油脂的飲食會刺激身體製造更多的膽酸來消化油脂，這些膽酸協助脂質消化後，身體會將其再吸收回肝臟，但此刻它們已屬於有害的「前致癌物」了。

身體裡小腸沒有吸收完的鈣質，到達大腸後可以和游離脂肪酸、前致癌物（再回收的膽酸）結合在一起，形成不可溶化的鈣化合物，經由糞便排出體外。

因此，這些刺激大腸產生大腸瘜肉和大腸病變的物質，經由鈣質的作用後，減少了它們和大腸的接觸機會，可以，降低癌症的發生。

行第一次活化，再隨著血液循環到達腎臟，再進行第二次的 活化，形成活化型的維生素D，使得活化型的維生素D增加，促使脂肪細胞生成脂肪。反之，高鈣飲食則能抑制活化型的維生素D生成，並促進脂肪燃燒，所以攝取足夠的鈣質具有瘦身及塑身的作用。

鈣質與體重控制

美國田納西大學營養學院所研究發現，進行體重控制時，飲食中添加高鈣的食物，減重的效果會比單獨使用低熱量飲食的效果要好得多。

營養學教授 Dr.Michael Zemel研究發現，每天增加三份乳製品並且減少500大卡的熱量攝取，不僅能讓體重下降，而且腰圍也變小了。Dr.Michael Zemel認為，此與活化型維生素D有關，活化型維生素D能促使脂肪細胞生成更多脂肪。

因此，當飲食中鈣質攝取不足，血鈣濃度下降時，身體的副甲狀腺荷爾蒙會分泌，促使身體進行一連串的變化。讓維生素D在肝臟進

怎麼獲取維生素D與鈣最健康？

維生素D吃多少最健康？

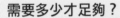

需要多少才足夠？

維生素D的需要量是多少呢？因為皮膚可以自行合成維生素D，但是，皮膚所合成的量又受許多因素影響，所以，究竟我們需要多少量的維生素D，的確不易衡量。有鑑於此，學者專家便以「足夠攝取量」當作我們飲食參考的依據。

所謂「足夠攝取量」即是指：假設我們的皮膚完全不能自行製造維生素D，所有的維生素D皆僅從食物來，在此狀況下，我們需要攝取多少的量，才足以讓血液中維生素D的濃度不低於正常值，不致於發生缺乏症，此即「足夠攝取量」。然而，在現實生活中，此種假定狀況並不存在，所以「足夠攝取量」這個值應會超過真正的生理需要量。

維生素D的足夠攝取量

●0歲到周歲的嬰兒

0歲到周歲嬰兒的食物來源，除了部份的副食品以外，大部分來自母乳或嬰兒配方奶粉，儘管母乳的維生素D與媽媽的飲食形態有相關，但是，研究也發現，母乳的維生素D含量並不高，每公升的初乳維生素D含量僅約16IU，因此，決定嬰兒血液中維生素D濃度，仍是嬰兒的日曬多寡，與母乳的相關性較不大。為避免嬰兒因日曬不足，導致維生素D不足，建議量為400IU。

●1到9歲的兒童

1至9歲的兒童，戶外活動與日曬時間增加，身體因日曬而製造維生素D，是體內維生素D的主要來源。所以，積極鼓勵孩童參加戶外活動，以維持體內理想

的維生素D量，有助於幼童的生長發育。滿周歲以後，維生素D的足夠攝取量為200IU，是1歲以前的0.5倍。

● 10到18歲的青春期少年

青春期，維生素D的代謝速率增加，所以具功能性的活化型維生素D也增加，這些活化型的維生素D，可以促進了腸道中鈣質的吸收，提供足夠的鈣質供骨骼生長所需。

由於台灣地區日曬充足，只要青少年經常從事戶外活動，即可獲得足夠的維生素D，不須額外補充。若是生長在高緯度、日照不足的地方，則須適當補充。

● 19到50歲

學者Holick研究22位18～34歲的潛水艇工作者，發現工作人員若連續工作1.5至3個月，他們血液中維生素D的濃度會下降38%，若給予每天600IU的高劑量維生素D補充，則可以回復其血液中維生素D濃度，若僅接受陽光照射，則經1個月的時間，體內維生素D濃度可恢復80%。所以，這個年齡層的成人，足夠的日曬是獲得維生素D的重要途徑。

● 51到70歲

隨著年齡的增長，老化的壓力，再加上防曬品的使用，這階段的成人，維生素D缺乏問題已慢慢浮現。尤其是婦女，在進入更年期後，女性荷爾蒙的分泌減少，骨質的流失增加，如果又加上日曬不足、維生素D也吃得不夠，骨質流失的速度將更快。Dawson-Hughes等人研究，平均年齡為62歲之婦女，發現她們飲食中每日的維生素D平均攝取量為100IU，若補充400IU，為期一年，可使脊柱骨質的流失降低。因此，51歲以上的男性和女性，維生素D的足夠攝取量再次提高為400IU。

● 70歲以上

許多研究報告顯示，70歲以上的老人，隨著老化過程，血液中維生素D濃度會持續下降，骨折的發生機率亦隨之增加。再者，由於老化，骨關節方面的疾病接續而來，這時所服用的抗發炎藥物，又會干擾維生素D促進鈣質吸收的機能。在許多針對老年人維生素D補充的研究中發現，每天補充維生素D400~1000IU，可讓血液中維生素D及副甲狀腺荷爾蒙（PTH）維持正常濃度，若長時間的維生素D補充，再加上鈣質的補充，將可有效防範骨質密度的下降。

所以，老年人的維生素D補充與日曬極為重要。維生素D建議之足夠攝取量為400IU。

● 懷孕期

研究發現，懷孕時補充維生素D的孕婦，其新生寶寶在出生後第4天，血液中鈣質濃度明顯高於未補充維生素D孕婦所產下的新生兒。

懷孕期間，母親血液中的維生素D可經由胎盤傳送給胎兒，所以攝取足夠的維生素D，可維持母親與胎兒血液中足夠的維生素D濃度。因此，該階段婦女的維生素D需要量為該年齡建議量再增加200IU。

● 哺乳期

哺乳期間，維生素D由血液循環中進入母乳的量極少，目前亦無研究顯示，在哺乳期間的媽媽需要多少的維生素D攝取，因此建議健康的產婦，只要每天日曬充足，維生素D的需要量可不需再額外增加。但由於，國人婦女產後傳統的坐月子習俗，主張產婦不宜經常下床走動，能走到戶外的機率更小。因此哺乳、坐月子的媽媽，能夠透過陽光照射自行製造維生素D機會幾乎是微乎其微，維生素D的額外攝取更顯重要，所以，哺乳期的婦女維生素D的足夠攝取量為該年齡層建議量再加上200IU。

各年齡層維生素D一天的需要量表	
年齡	足夠攝取量（IU）
0月～	400
3月～	400
6月～	400
9月～	400
1歲～	200
4歲～	200
7歲～	200
10歲～	200
13歲～	200
16歲～	200
19歲～	200
31歲～	200
51歲～	400
71歲～	400
懷孕 第一期	該年齡層之足夠攝取量+200
懷孕 第二期	該年齡層之足夠攝取量+200
懷孕 第三期	該年齡層之足夠攝取量+200
哺乳期	該年齡層之足夠攝取量+200

鈣質吃多少最健康？

鈣質的足夠攝取量

　　政府對鈣質的建議量，乃基於應攝取多少的鈣質才是對於國人的健康較有利，而非遷就於一般國人普遍的平均攝取量。從多次的國民營養大調查得知，儘管國人鈣質的攝取已呈逐漸增加趨勢，但仍未達建議攝取量。

　　在1998國內的研究發現4～12歲兒童食用奶類的比例隨年齡增加而下降，1997學者對台灣地區1至6歲幼兒營養狀況進行調查，也發現4～6歲幼兒每日平均鈣質攝取量都小於建議量，尤其5、6歲幼兒每日平均攝取量均未達70％鈣質的建議攝取量。

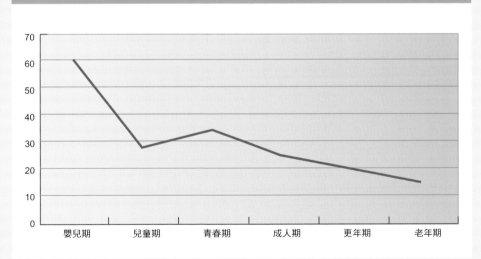

各個生命周期的鈣質吸收率（％）

鈣質攝取不足的問題已存在許久，以現況而言，達到行政院衛生署之建議量，應是國人要努力的目標。

母乳中的鈣質吸收率高

母乳是嬰兒最佳的食物來源。根據許多研究分析得知，產後1個月的母乳，每公升約含有264毫克的鈣質，而母乳中的鈣質約有6成可被嬰兒吸收，以牛奶為基質所改造的嬰兒配方奶粉，其鈣質的吸收率僅約38％。所以，對嬰兒而言，母乳是提供鈣質的良好來源。

鈣質的吸收率，隨年齡而不同

在我們一生中，嬰兒時期是鈣質吸收率最高的時期，約有60％的鈣質可被吸收。嬰兒期以後，鈣質吸收率逐漸降低，平均約為28％，到了青春期，吸收率又再次增加，增加為34％，到了青年期，又會下降至25％，然後持續到更年期。進入更年期後，鈣質的吸收率更低，每年以0.21％的速度持續下滑。

懷孕期，鈣質的需要量需增加嗎？

由行政院衛生署的建議量可以發

各年齡層鈣質一天的需要量	
年齡	足夠攝取量（毫克）
0月～	200
3月～	300
6月～	400
9月～	400
1歲～	500
4歲～	600
7歲～	800
10歲～	1000
13歲～	1200
16歲～	1200
19歲～	1000
31歲～	1000
51歲～	1000
71歲～	1000
懷孕 第一期	+0
懷孕 第二期	+0
懷孕 第三期	+0
哺乳期	+0

現，懷孕期婦女鈣質需要量並沒有高於未懷孕時的鈣質需要量，為什麼呢？

剛出生之嬰兒，身體中的鈣質是懷孕期時由媽媽的臍帶運送給胎兒的，且約有2／3的量是在懷孕第三期由母親供應，所以，懷孕期的婦女對鈣質的「生理需要量」會比尚未懷孕時高，然而，此時血液中的維生素D濃度會上升，讓懷孕期婦女小腸對鈣質的吸收增加，增加

的吸收量已足以滿足母體的鈣質需求。

在一些針對懷孕期鈣質需求量的研究中也發現，懷孕的媽媽，尿液中的鈣質排出量會增加，這主要是因為懷孕媽媽的鈣質吸收率增加了，而且其存留量也是增加的緣故。通常，在沒有疾病的干擾下，只要是營養素吸收量已足夠身體所需，多餘的量會由尿液中排出，所以，孕婦尿鈣排出量增加也表示體內鈣質以能滿足其生理的需要。

然而，一些研究顯示，懷孕時鈣質攝取較低的人，容易在懷孕過程中出現低血鈣，而有小腿抽筋和妊娠毒血症發生。也有研究發現，懷孕中後期補充鈣質，可以增加寶寶骨質密度。究竟，懷孕期婦女的鈣質補充需要增加嗎？

其實，懷孕期不需額外增加鈣質。因為，行政院衛生署訂定未懷孕婦女鈣質的足夠攝取量，已較其他東方國家，如日本、中國大陸來得高，只要在懷孕前吃足建議量，維持最佳的骨骼密度。到了懷孕時，就不需額外補充了，維持該年齡的足夠攝取量即可。

哺乳期，鈣質的需要量需增加嗎？

而依建議量得知，哺乳期的媽媽鈣質建議量並未再增加。可能很多人會懷疑其正確性，許多問號也不停地在腦中打轉。

根據研究分析，媽媽一天所分泌的乳汁含鈣量約210毫克，一般人會認為，哺乳的媽媽需要更多的鈣質補充，以供應鈣質的消耗。然而許多研究卻發現，母乳中的鈣質來自於媽媽骨頭中的鈣質，也就是母親骨骼的鈣質游離到母乳中，與媽媽飲食攝取的鈣質無關。既然是這樣，是不是更需要高鈣飲食來補充骨頭中流失的鈣質呢？答案不然，因為從媽媽骨頭中游離的鈣質，必須在斷奶後，荷爾蒙恢復正常功能，才可重新儲存補回來。因此，哺乳中的媽媽，鈣質需要量沒建議要有額外的增加。

怎麼吃最恰當？

與油脂一起做烹調

維生素D在天然食物中含量較高的為海產魚類、肝臟、牛肉和蛋類等。

維生素D為脂溶性維生素，對熱較安定，一般的烹煮方式不會破壞維生素D，料理這類食物時，可以加入植物油做任何的烹調變化，讓維生素D溶於油脂中，提高維生素D的吸收率。

利用每日飲食指南，攝取鈣質

以19～30歲成年人為例，鈣質的足夠攝取量為1000毫克，而如何獲取足夠的鈣質呢？行政院衛生署每日飲食指南建議如下：

● 五穀根莖類3～6碗
● 奶類1～2杯
● 蛋、豆類、魚及肉類4份
● 蔬菜類3碟
● 水果類2個
● 油脂類2～3湯匙

因此，可以怎麼做呢？首先須先了解哪些食物屬於高鈣食物，高鈣食物有奶類、豆類、魚類和蔬菜類。

接下來，分配基本的每日飲食：

● 2杯牛奶（約含500毫克鈣質）
● 1塊傳統豆腐（約含130毫克鈣質）
● 1湯匙的小魚干（約含220毫克鈣質）
● 1碟深色蔬菜（如芥藍菜約含240毫克鈣質）。

除了上面高鈣食物外，再加上：

● 五穀根莖類3碗
● 蛋、豆、魚、肉類2.5份
● 蔬菜類2碟
● 水果類2個
● 油脂類2～3湯匙

這樣，就可符合每日飲食指南的鈣質建議攝取量啦！當然，您也可以自己做些變換，選擇維生素D高的食物，如鯖魚、鮭魚、牛肉、雞蛋……等食物，變化不同菜色，享受美食，也補充營養。

補充維生素 D，日曬很重要

日曬，讓身體自行合成維生素D

　　維生素D是人們不可或缺的脂溶性維生素之一，維生素D最早被發現存在油脂豐富的魚類中。後來研者又發現，動物在陽光的照射下，也可以在皮膚中自行合成維生素D。

　　陸地生活的動物，經過陽光的幫助自行合成維生素D，已經有3億多年的歷史了，這是生物自然演化的結果。

　　脊椎動物由海洋進化至陸地，離開了含鈣豐富的生活環境──大海，由食物中獲得鈣質的來源變少了，於是它們就得依靠皮膚合成維生素D來彌補，防止因腸道鈣質吸收不足，所造成的鈣質缺乏。由於維生素D可以促進腸道對鈣質的吸收，也可以在腎小管協助鈣離子的重吸收，所以曬太陽的目的首先是增進人體生成維生素D，接著更進一步以維生素D的作用，促進鈣質吸收，以維持人體的生理所需。

要日曬多久才足夠

　　其實，皮膚所能製造維生素D量很難被準確測量，大約估計人體合成維生素D，每一平方公分的皮膚日照一個小時，大約可以合成6 IU的維生素D。

　　所以，夏天時，適度的曬太陽足以在人體中產生足量的維生素D。不過，這也僅是概略的估算，隨著膚色的不同，每個人所需的日照時間亦有差異，天生膚色越深的人，需要接受日照的時間越長，反之，膚色越淡的人，所需日照時間相對較短。

　　有許多人，害怕紫外光所造成的皮膚傷害，卻又希望能由陽光的照射製造足夠的維生素D，總在皮膚癌與維生素D缺乏之間猶豫不決。

　　美國波士頓大學生物學和皮膚病學專家霍利克教授，對這個問題做了長時間的研究，他收集大量的證據後發現，每週在太陽下短時間的多曬幾次，可以

預防骨質疏鬆症、風濕性關節炎、結腸癌、前列腺癌、乳腺癌等疾病的發生。因此，霍利克教授建議：不需要長時間在太陽下曝曬，也不要老是躲著陽光，適當接受陽光的照射，對人體有益。

而究竟多少的日曬量才足夠呢？一般而言，在艷陽高照下，10分鐘的日照即可讓身體產生足夠的維生素D。

根據霍利克教授的建議：在春天和夏天時，早上11點和下午2點，只要讓我們的手臂、腿及臉部，一星期日照3次，每次曝曬5至10分鐘，如此即可有足夠的維生素D產生。但是，居住在緯度高國家的人，冬天若只露出臉蛋，則需要2小時以上的日曬，才能製造足夠身體需求的維生素D。

皮膚經過陽光照射所產生的維生素D，是人類主要的維生素D來源。台灣因為接近赤道，日照充足，經太陽光照射所合成的維生素D，已足以提供我們身體所需，尤其是對於長時間戶外活動的兒童及青少年，通常一星期2到3次的戶外活動，即可合成足量的維生素D。

但隨著年紀增長，人們為了預防皮膚癌或皮膚受損，頻繁地使用防曬化妝品或以衣物的遮蔽減少日照，再加上老化會促使維生素D的合成能力會逐漸減低。在此情況下，也可考慮做適度的補充，補充的來源，一方面可以由良好膳食計劃中獲得，另一方面也可由補充劑中獲得。

移居高緯度地區時，需增加日曬的時間嗎？

高緯度地區，冬天日曬時間短，紫外光弱。在北緯40度或南緯40度的國家，例如波士頓位於北緯42度，類似這緯度的國家或地區，在每年的11月到3月初，紫外光的強度弱，白晝有陽光的時間也較短，所以，身體所能製造的維生素D有限，必須要加長日曬時間，才能合成足量的維生素D。

有些緯度更高的國家，冬天可長達6個月，一年當中有一半的時間是冬天，這些地區的居民，想要透過日曬讓身體合成維生素D的機會更是少之又少，需在飲食中維持足夠的維生素D攝取。

影響日曬後維生素D生成的因素

每個人在同一地點同一時間內接受

太陽光照射所產生維生素D的量，並非完全相同，仍受到一些因素影響，最常見的是膚色及防曬品的使用。

● 膚色

皮膚中的黑色素，作用就像防曬油一般，它可以幫助抵擋紫外光。所以在相同的日照下，膚色深的人所能製造的維生素D少於膚色淺的人，他們發生維生素D缺乏的機會也高於膚色淺的人。

有研究證明，含色素的皮膚細胞，合成維生素D的能力較差。由於黃種人或黑人，皮膚中所含的色素較多，所以維生素D的合成能力低於白種人。

美國的白種人與黑人中，15到49歲的黑人女性，42％有維生素D缺乏的現象，而相同年齡的白人女性中，則僅4％缺乏維生素D，如此也說明了，膚色的深淺影響著維生素D的製造量。

多年來，許多人都無法理解，為什麼住在英國北部的深膚色印度人和巴基斯坦人，容易罹患維生素D缺乏疾病。後來，大家弄清楚了，這都是因為他們皮膚中天然的防曬物─黑色素，使他們無法藉由陽光合成足夠的維生素D。部分伊斯蘭教婦女的穿著，有戴面罩、全身遮蔽的習俗，他們身上所合成的維生素D，恐怕也會不足。

在現代人生活中，無論黑皮膚或是白皮膚，多半以室內生活為主，所接受的日照少，在這種情況下，膚色較深的人缺乏維生素D的可能性也就增加了，應當注意含維生素D食物的攝取。

● 防曬劑

陽光中的紫外線和紅外線各有不同的波長和穿透性，它們對我們的皮膚會造成不同的傷害。因此，在炎炎夏日，為了保有白皙的肌膚，不讓陽光殺傷了每一吋皮膚，美白、防曬，變成了是理所當然的選擇，甚至是一種時尚。

然而，光是防曬係數SPF8的防曬品就可減少身體95％的維生素D合成。所以，愛美的女性，雖然陽光炙熱，但偶而是否也該省略防曬乳液，享受陽光。

缺乏時，會發生什麼問題？

維生素D缺乏

維生素D最主要的功能在於幫助鈣質吸收，維持血鈣平衡。維生素D不足，鈣質的吸收降低，可資骨骼鈣化的「鈣」減少，於是骨骼的鈣化不良。

對於小孩子，會有X型腿或O型腿等佝僂症的病症發生。對於成年人則易有骨質疏鬆症、軟骨症、彎腰駝背及牙齒鬆動脫落等現象。

鈣質不足

鈣質的缺乏常常是因維生素D缺乏所導致，因此缺乏的症狀和維生素D類似，嬰幼兒會有佝僂症，成人則會骨質疏鬆、軟骨症、彎腰駝背、牙齒鬆動脫落。

嚴重的鈣質缺乏，血清中血鈣濃度小於7mg / dl，則會引起抽筋的症狀。

骨 質 疏 鬆 對 脊 柱 的 影 響

35歲以上　　　　65歲以上　　　　75歲以上

過量時，會發生什麼問題？

維生素D攝取太多時

維生素D屬於脂溶性維生素，它會儲存在身體中，因此，過量攝取會因累積而造成毒性。因此，維生素D的攝取並非越多越好。攝取過量的維生素D，將會造成維生素D中毒，其最主要的症狀是「高血鈣症」，也就是血液裡的鈣質太高了。

高血鈣對身體有何影響

如果，一整天的維生素D攝取高達50,000IU，血鈣過高會使我們的腎臟對尿液的濃縮作用喪失，水分沒辦法正常的被再吸收回到身體，因此，產生多尿、急劇口渴、虛弱……等現象。

而血液中鈣質長期過高也會造成腎臟、心臟、肺臟以及血管等軟組織鈣化，影響這些組織的正常功能。

此外，維生素D攝取過量還會有中樞神經不適的症狀產生，病人會有噁心、嘔吐、憂鬱及厭食等症狀。

如果早期發現這些中毒現象，只要停止過量的維生素D補充，即可復原。但是，若是中毒現象已經危害到軟組織，造成組織的鈣化，即使是停止過量維生素D，軟組織的功能也無法再回復正常，造成了不可逆的損傷。

健康小辭典

什麼維生素D吃太多會讓血液的鈣質增加嗎？

維生素D可幫助鈣質吸收，當我們進食後，食物到達小腸進行消化作用，維生素D可以促進小腸細胞吸收食物中的鈣質，除此之外，維生素D也可以將沉積在我們骨頭裡的鈣質拉出，將鈣質釋放在血液中，因此，維生素D吃得過多，血液中的鈣質會增加，造成高血鈣。

Knowledge

維生素D攝取量的上限

　　一般而言，維生素D攝取超過上限值產生的中毒現象，都是因維生素D補充劑吃的過多所致（如魚肝油的過量補充），一般天然的食物不易有此現象發生。

　　維生素D攝取量的最高上限值，只適用於健康的人，各個年齡層略為差異，詳見附表：

維　生　素　D　上　限　攝　取　量	
年齡	足夠攝取量（IU）
0月～	1000
3月～	1000
6月～	1000
9月～	1000
1歲～	2000
4歲～	2000
7歲～	2000
10歲～	2000
13歲～	2000
16歲～	2000
19歲～	2000
31歲～	2000
51歲～	2000
71歲～	2000
懷孕 第一期	2000
懷孕 第二期	2000
懷孕 第三期	2000
哺乳期	2000

鈣質攝取太多時

●鈣質的毒性

　　鈣質在所有元素中屬於毒性最為小的一類，對人體沒有明顯的毒性，所以，少有過量攝取導致中毒的情形發生。況且，依國人目前的飲食習慣，尚無過量攝取的隱憂，通常會造成過量的鈣質攝取，大部分是與鈣質補充劑過量補充有關。

●打破腎結石的迷失

　　一般民眾皆認為，鈣質吃太多容易引起草酸鈣的結石，但是，這種說法至今仍未被證實。

　　草酸鈣的腎結石，可能發生的原因為大量的草酸在腎臟或輸尿管中與鈣質結合，形成不可溶解的草酸鈣。但是，如果我們的飲食中鈣質足夠時，腸道中的草酸便可以在小腸中與鈣質結合，再經由糞便順利排出體外。相反的，當鈣質攝取不夠時，腸道中的草酸會被再吸收到身體，經代謝後到達輸尿管或腎臟，此時的草酸便很容易和鈣質結合，形成草酸鈣沉積。

　　不可諱言，若腎小管中有高濃度的鈣質，發生結石的機會將會增加，但

鈣 質 的 上 限 攝 取 量	
年齡	上限攝取量（毫克）
0月～	-
3月～	-
6月～	-
9月～	-
1歲～	2500
4歲～	2500
7歲～	2500
10歲～	2500
13歲～	2500
16歲～	2500
19歲～	2500
31歲～	2500
51歲～	2500
71歲～	2500
懷孕 第一期	2500
懷孕 第二期	2500
懷孕 第三期	2500
哺乳期	2500

是，只要有充足的水分攝取，經由水的稀釋作用，可以大幅降低草酸鈣結石的機會。

所以，避免草酸鈣結石，最重要的是水分的足夠攝取，而非低鈣的飲食。

●**鈣質的上限攝取量**

攝取任何營養素，當超過某一劑量時，均會對身體造成傷害。鈣質的上限攝取量，衛生署對1歲以下的嬰兒暫無訂

健 康 小 辭 典

攝取高量的鈣質，可能造成體內其他礦物質缺乏？

鈣質攝取過多會影響其他礦物質的吸收，如：鐵、鋅、鎂、磷等。但是我們的小腸對營養素的吸收非常複雜，有太多的因子會影響小腸的吸收；再者，食物本身也存在許多相互影響的營養素。

美國的DRIs認為，鈣質與其他礦物質的交互作用具潛在的缺點，但並不表示此即是造成身體出現有害的負作用的主因。鈣質與其他礦物質吸收的相互影響，一直以來是許多學者研究的主題；然而，僅只有一篇研究發現高劑量的鈣質會造成鋅的負平衡外，目前尚未真正發現高鈣攝取，會使得體內鐵、鋅、鎂、磷等礦物質產生缺乏的症狀。所以，只要您的鈣質攝取不要高於衛生署建議的上限攝取量即可。

定，1歲以上直到老年人，上限量皆為2500毫克，懷孕期和哺乳期也訂定為2500毫克。

哪些人容易缺乏維生素D？

老年人

隨著年紀的增加，老年人的皮膚經日曬所產生的維生素D會降低。65歲以上的老人，身體製造維生素D的量，約是20～30歲年輕人之20%，況且老年人生理退化，腸胃道的吸收較弱，所以維生素D的吸收也較易不足，加上常有骨關節炎的困擾，因此，走出戶外的機會也就更小，如此便形成了惡性循環，維生素D缺乏更甚，關節疾病也將更嚴重。

所以，即使是行動不便的老人，也應該以輪椅代步，多多接觸陽光，或是給予足量的維生素D補充。

僅餵食母乳的嬰兒

一般而言，母乳每1公升大約含有25 IU的維生素D，如果您的寶寶僅餵食母乳，那麼這些量的維生素D是不夠的。學步期或斷奶的寶

寶，如果飲食中沒有供應維生素D高的食物或維生素D強化牛奶，也會很容易維生素D缺乏。

僅餵食母乳的寶寶，若沒有適度的維生素D補充或適當的日曬，很容易成為維生素D缺乏的高危險群。

美國小兒科研究院建議，所有嬰幼兒應每天至少喝500毫升的維生素D強化牛奶或維生素D強化配方奶，如此每天才足以獲得200 IU的維生素D。

不曬太陽者

我們都知道，維生素D的來源除了食物之外，有一大部分由身體自行製造，而身體如何製造維生素D呢？這需仰賴陽光的幫忙，將皮膚上的去氫膽固醇轉變成維生素D，再帶入血液中。所以足不出戶，或是工作繁忙、早出晚歸，鮮少與太

陽公公打招呼的人，將是維生素D缺乏的高危險族群。

腎臟、肝臟疾病

肝臟和腎臟是活化維生素D的場所，儘管維生素D吃的再多，如果沒有肝臟和腎臟中的酵素進行活化，維生素D就如睡獅，一點作用也沒有。肝腎功能不好的人，活化維生素D的能力會下降，若沒有適當的補充活化型的維生素D，容易發生維生素D缺乏。

服用某些藥物者

與維生素D相關的藥物副作用中，有些降低膽固醇的藥物，會阻礙維生素D及其他脂溶性維生素的吸收。

另外，治療過敏、氣喘、支氣管炎等疾病的固醇類藥物（如，可體松），會使我們吃進來的維生素D大量耗盡。而抗凝血藥物，則會干擾維生素D的作用。

所以，長期服用這些藥物的人，應與醫生討論，是否該額外補充維生素D補充劑。

素食者

與其他種類的維生素相比較，維生素D含量豐富的食物並不多。由維生素D的食物來源可發現，植物性食品除了香菇外，其他的食物，維生素D的含量都不高，如果是連牛奶都不喝的全素者，維生素D來源那將會更少。

所以，維生素D的補充及充足的日曬對素食者而言，更形重要。

酗酒者

適量的飲酒，具有增加血液循環、促進新陳代謝的功能。但是，過量的飲酒則是百害而無一益，酒精攝取過多，會阻礙小腸對維生素D的吸收，也會降低肝臟儲存維生素D的能力，因而酗酒者容易缺乏維生素D。

維生素**D**與鈣質在哪裡？

維生素 *D* 的食物來源

維生素D有三個食物來源：

● **天然的食物。**

● **維生素D強化食物。**

● **濃縮的天然食物。**

自然界中，天然食物的維生素D含量較為稀少。含量較高的食物為海產魚類、肝臟、牛肉和蛋類等。所以，通常都是在食物中添加維生素D，以強化食物維生素D的含量，維生素D強化食物包括有奶類食品、市售嬰兒食品及奶油等。

魚肝油則屬於天然濃縮食物，所以，維生素D的含量極高。

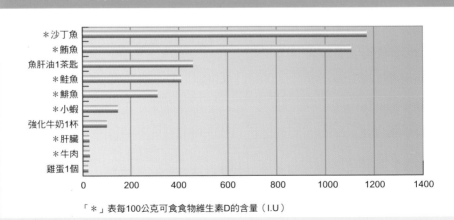

食 物 中 維 生 素 D 的 含 量 （I.U.）

「＊」表每100公克可食食物維生素D的含量（I.U）

香菇，維生素D含量高

曬乾的香菇是令人驚喜的維生素D來源。雖然維生素D在我們吃的食物中含量較其他類維生素低，但是香菇含有麥角固醇，麥角固醇經陽光中紫外線照射後，可轉變為維生素D，所以經陽光曬乾後的香菇，含有豐富的維生素D。

已知香菇的營養包括有豐富的維生素B群、鐵、鉀及「前維生素D」。「前維生素D」經過日曬後可變成維生素D，香菇本身即是味美食物，會讓人禁不住食指大動，對於缺乏肉類營養素的素食者而言，香菇更是C獲取維生素D不容忽視的選擇。

若要充分獲取到香菇的維生素D，在購買香菇時就要特別注意，香菇所含的「前維生素D」需要由陽光照射，才能轉變成人體可以吸收的維生素D，因此，採購香菇時，選擇日曬乾燥加工的香菇，才能真工吃到較足量的維生素D，如果買到人工乾燥的香菇，維生素D的含量就大打折扣了。

健康小辭典

為什麼乳糖不耐的族群喝牛奶會拉肚子，但喝優格就不會呢？

一般而言，成人長時間不喝牛奶，身體中乳糖酵素會逐漸減少，若突然喝下一大杯牛奶，因為體內酵素不足，乳糖無法在身體內分解成乳酸，將會引起腹部疼痛、拉肚子等症狀；而優格或優酪乳則在加工過程中將乳糖發酵成乳酸，所以，不會有乳糖不耐的情形發生。

Knowledge

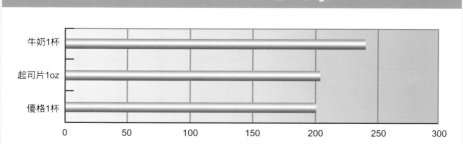

奶 類 鈣 質 的 含 量 （mg）

	0	50	100	150	200	250	300
牛奶1杯							
起司片1oz							
優格1杯							

鈣質的食物來源

奶類

　　奶類是獲得鈣質最方便的食物之一。1杯240c.c.的牛奶約含有240毫克的鈣質，一天2杯牛奶，幾乎達到了建議量的一半。除了牛奶之外，其他的奶類製品，如優格，也含有豐富的鈣質，即使是乳糖不耐的族群，喝鮮牛奶容易拉肚子，仍可以嘗試其他的再製過的奶製品。

　　當然，由於奶類物屬於蛋白質類，過與不及的攝取皆是不好，不要因為這些食物含有高量的鈣質及優質蛋白質，就釋無忌憚的吃，因為吃多了恐怕會讓您的體重上升，甚至造成您腎臟的負擔喔！

豆製品

　　對於素食者而言，豆製品是他們日常飲食中「肉類」的來源，屬於蛋白質類食物。每100公克可食量的干絲、五香豆乾或三角油豆腐，含有相當於1杯牛奶的鈣質。如果您是純素者，可別忘了從豆類食物中取得鈣質喔！

　　而傳統豆腐的鈣質含量也不低，吃一個「田字形」的傳統豆腐，重量100公克左右，所得到的鈣質幾近150毫克，它是屬於體積小但鈣質卻不少的食物。但是，若是吃盒裝的嫩豆腐，得到的鈣質可就少多了。半盒的嫩豆腐重量也約100公克，但是鈣質卻僅13毫克，之所以會有這樣的差異，主要是因為兩者在加工過程中添加凝固物質不一樣導致。傳統豆腐以碳酸鈣或氯化鈣讓豆漿凝固成豆腐；而盒裝嫩豆腐則是利用葡萄糖酸類脂取代碳酸鈣或氯化鈣，所以，鈣質含量當然就較低了。

每 1 0 0 克 豆 製 品 鈣 質 含 量 （mg）

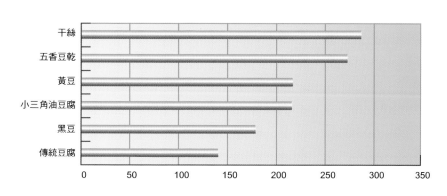

鈣質（mg）

因此，居家做豆腐料理時，您可以選擇以傳統豆腐為主，如此，豆腐的美味嘗到了，鈣質也獲得了。

水產類

水產類食物，小魚乾、蝦皮、蝦米、昆布和紫菜，這些食物乍看之下鈣質含量非常高，但是，這些食物屬於乾貨，因此每100公克的量其實是蠻多的，對於一般人而言，要吃下那麼多的分量，很不容易。

儘管這類食物無法像奶類或豆類般，可以很容易地一次攝取到100公克的量，但也有其他變通方法，我們可以將這些乾貨添加在主食（例如米飯或麵條）中，如此可以讓米香增添「海」的味道，不僅增加風味也為骨頭加分。

文蛤也是鈣質高的食物之一，100公

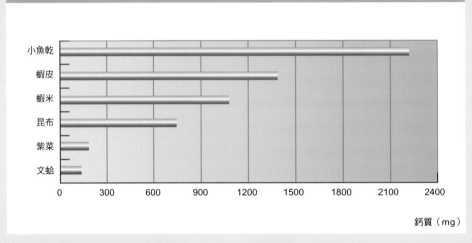

每 1 0 0 公 克 可 食 水 產 類 鈣 質 含 量 （mg）

鈣質（mg）

克的可食量（去掉外殼的重量喔！）含
有130毫克左右的鈣質。而100公克的可
食文蛤肉，約是1斤重文蛤的量。

　　雖然，在這些食物中取得鈣質並非
想像中容易，但是，與其他水產類食物
相較，還是略勝一籌。倘若，您今天準
備了海鮮大餐，也將這些食材一起帶入
您的菜餚中吧。

蔬菜類

　　從蔬菜中取得鈣質也是聰明的決
定，100公克的芥藍菜就有相當於1杯牛
奶的鈣質含量。而100公克的蔬菜煮熟的
量有多少呢？約相當於1個8吋小碟或半
碗的量，所以，一餐吃到100公克的蔬菜
並非難事。

　　依行政院衛生署每日飲食指南的建
議，國人蔬菜的攝取一天應為3碟（1碟
蔬菜約3兩），即每1餐應有1小碟青菜攝
取。而且吃足青菜量，取得足夠的纖
維，也可以讓我們的腸子無比通暢。除
此之外，對於想要控制體重控制食量的

每100公克可食蔬菜鈣質含量（mg）

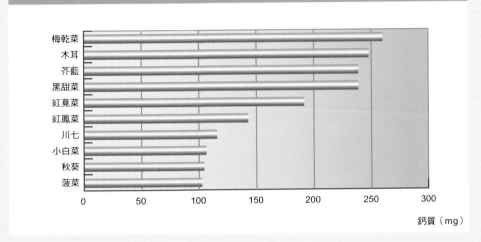

鈣質（mg）

人，青菜也可以增加飽足的感覺，讓您
體重控制更輕鬆。

　　因此，平時蔬菜吃得少的您或是不
喝牛奶不吃乳製品的您，是否更應選擇
高鈣的蔬菜，讓您的骨頭「加鈣」呢？

Easy cooking

維生素D 優質食譜

食物，除了維持生命，帶來飽足，也讓人充滿了幸福感。

準備食物，食材不一定要貴，時間也不必多，可以在家裡悠閒、輕鬆地料理，保有充分營養

滋養身心，也讓居家生活更溫馨。

列舉8種食材，16道簡易做法，照顧味覺、舒活骨骼、身材挺立、保心防癌、活化免疫力。

- 鯖魚
- 溪蝦
- 芥菜
- 鮭魚
- 乳酪
- 豆乾
- 黃豆
- 芥藍

維生素 **D**

Easy cooking

鯖魚 維生素D ■ 1109IU／100g

食材簡介 鯖魚俗稱「花飛」，與它相同的魚種尚有「四破」、「硬尾」、「紅尾」及「黑尾」等，吃鹹花飛配稀飯是老一輩捕魚人的回憶。目前台灣產量最多的地區為宜蘭的南方澳，因此南方澳也被稱為是鯖魚的故鄉。

鯖魚為表層洄游魚類，其DHA（為ω-3不飽和脂肪酸）含量排名第二，僅次於鮪魚，營養價值很高。

自從發現愛斯基摩人可能因為攝取魚類而有很低的冠狀動脈心臟疾病發生率後，ω-3多元不飽和脂肪酸被各地學者熱絡地研究。ω-3不飽和脂肪酸可以活化細胞，增加免疫力，降低膽固醇及預防心血管疾病。

營養師小叮嚀：市面上可以常常看到鯖魚罐頭，可用來當成煮麵的高湯，非常地美味。

① 游龍戲鳳

② 燻鯖魚

■ **材料**：鯖魚100克、洋蔥10克、鳳梨60克、番茄10克、青椒10克、水少許、沙拉油3大匙。

■ **醃料**：鹽、胡椒少許、酒1大匙、雞蛋1個、太白粉1/2小匙。

■ **調味料**：鹽1/2小匙、糖1/3小匙、醋1/3小匙、番茄醬1/2小匙、太白粉1小匙。

■ **做法**：

1. 鯖魚洗淨，切片，醃料醃約10分鐘，依序沾蛋液、太白粉，入油鍋炸後備用；洋蔥、鳳梨洗淨去皮、番茄、青椒洗淨切小塊。

2. 起鍋爆香洋蔥，加入番茄、青椒、少許水略做調味，勾薄芡再加鯖魚片翻炒即可起鍋。

■ **材料**：鯖魚150克。

■ **燻香料**：白米1杯、茶葉1小把、麵粉1杯、糖1大匙、鹽2大匙。

■ **做法**：

1. 鯖魚洗淨，切塊蒸熟備用。

2. 鍋中墊上錫箔紙，放上燻香料，架網子。

3. 擺上鯖魚，開大火待起煙時轉中火，蓋上鍋蓋，燻1分鐘後熄火，稍燜1分鐘後取出，放涼即可。

Easy cooking 鯖魚食譜

溪蝦 維生素D ■ 1521IU／100g

食材簡介 「摸田螺、抓溪蝦」的畫面，已因田野遭受開發污染變得十分罕見，只有在一些休閒農場或尚未受污染的深山河川，才能享受此種童年樂趣。

溪蝦，早期原住民稱它為Qbolong（戈伯弄），現代的原住民稱它為Aibi，它的英文名字為afar。溪蝦無法用一般釣具於白天捕捉，必須利用夜間溪蝦外出活動時以網子捕撈。

溪蝦主要成分為蛋白質，脂肪含量少，所以可稱之為低脂食品。溪蝦含有牛磺酸，具有抑制高血壓的功效，還可以提升肝臟功能、強化解毒能力，預防及改善高膽固醇的問題；另外，還含有一個有效成分稱為殼質，殼質是一種不溶性纖維，可活化免疫力。

營養師小叮嚀：溪蝦的產量少，市場上要小心買到加色素的溪蝦。

① 鹽酥溪蝦

② 鮮蝦鬆

■ 材料：溪蝦60克、蒜碎10克、紅辣椒10克、蔥花10克
■ 調味料：鹽1/2小匙、胡椒1/2小匙、油2大匙
■ 做法：
1. 溪蝦洗淨，起油鍋待油八分熱，放入溪蝦炸至金黃色後撈起，油瀝乾。
2. 鍋中留1大匙油，入蒜、辣椒爆香，續加入溪蝦及調味料翻炒，起鍋前加入蔥花。

■ 材料：溪蝦50克、油1杯。
■ 調味料：芝麻少許、海苔粉1/2小匙、鹽1/4小匙。
■ 做法：
1. 溪蝦炸酥，再放入烤箱以220℃烤15分鐘。
2. 烤好之溪蝦壓碎，拌入芝麻、海苔粉、鹽。
3. 可用來包三角飯糰或當茶泡飯使用。

Easy cooking 溪蝦食譜

芥菜 鈣 ■ 98mg／100g

食材簡介 在傳統的客家醃菜中，可以看到酸菜、榨菜、福菜及梅乾菜，這些食品都是以大芥菜為材料，經採收、萎凋、加鹽後、洗淨、曬乾、裝罐，經3～6個月天然醱酵後，取出菜心、菜梗部分稱為福菜；菜葉切細烘乾則為梅乾菜。

芥菜屬於較涼冷的蔬菜，而久煮不黃的特性，使其在年節期間，也被稱為「長年菜」。

芥菜屬於十字花科植物，包含了所多抗癌的成分；維生素C幫助抵抗癌症及心臟病，並能增強免疫系統，抵禦病菌感染；鐵質可預防及治療貧血；而鈣能幫助建造強健的骨骼，防止骨質疏鬆症的發生。醃漬的食物，往往容易產生亞硝酸鹽，亞硝酸鹽進入人體，易與蛋白質分解的胺類物質結合而形成亞硝酸胺，如果亞硝酸胺長期作用於消化道，容易誘發病變。所以醃漬芥菜雖嫩鮮香，但不宜長期多食。

營養師小叮嚀：芥菜在中醫來說，是屬於涼冷的蔬菜，所以坐月子期間，不宜食用。

① 梅菜扣肉

② 福菜排骨湯

■ **材料**：梅乾菜20克、五花肉150克、大蒜10克、沙拉油3大匙。

■ **調味料**：醬油1/2大匙、酒1小匙、糖1/2小匙、鹽1/8小匙。

■ **做法**：

1. 梅乾菜洗淨泡水瀝乾，除砂石；五花肉先以水煮熟，撈起，入油鍋炸成褐色，取出切成1公分寬片狀，擺入扣碗中。

2. 鍋內留少許油，入大蒜爆香，續入梅乾菜炒香調味後，擺入扣碗中。

3. 入蒸籠中蒸20分鐘，食用前將梅干扣肉扣出即可。

■ **材料**：福菜40克、排骨90克、小魚乾10克、薑5克、水240c.c.。

■ **爆香料**：鹽1/2小匙、糖、香油少許。

■ **做法**：

1. 福菜切小段，泡水漂洗去砂；排骨洗淨川燙備用。

2. 起湯鍋加入水及小魚乾、排骨熬約10分鐘，再加入福菜轉小火燉20分鐘。

3. 熄火，加入薑片調味即可上桌。

Easy cooking 芥菜食譜

鮭魚 <u>維生素D ■ 412IU／100g</u>

食材簡介 鮭魚出生於淡水的河流，成長期游到大海，在鹹水的環境中長大、覓食，等到產卵期時又跋涉千里，再一次回到淡水環境的故鄉，生出下一代。在產卵期，鮭魚會遇上千奇百怪的天敵，因此為了嚇跑敵人，雄鮭魚還會在這段期間長出猙獰的下巴尖刺，盡職地護衛母鮭魚。等到它們完成產卵責任時，便會滿身傷痕地力竭而死，而沈在水中的身軀，便成了日後出生小鮭魚的食料，小鮭魚成長後再游入大海，等到產卵期再次回來，如此生生不息，循環不已。

愛斯基摩人平時以魚類、海狗、海豹、北美洲馴鹿等為主食，幾乎攝取不到蔬菜、水果。而愛斯基摩人卻與心血管疾病無緣，他們對抗心腦血管疾病的秘密武器，就是魚類所含的EPA和DHA，而鮭魚就是EPA和DHA含量豐富的食品。

營養師小叮嚀：鮭魚中所含的維生素D及鈣質，可以搭配蔬菜中的維生素C，使維生素C更易被吸收。

❶鮭魚排佐塔塔醬

❷鹹蛋鮭魚炒飯

■材料：鮭魚100克、麵粉1/2大匙、油1大匙。

■調味料：鹽少許、酒1小匙、胡椒少許。

■塔塔醬：美乃滋20克、白煮蛋碎10克、酸黃瓜3克、九層塔碎3克、洋蔥碎10克、檸檬汁1/2小匙。

■盤飾：香吉士、芹菜葉、聖女番茄。

■做法：

1.塔塔醬調勻；鮭魚去鱗洗淨醃鹽、酒、胡椒 。

2.鮭魚表面拍少許麵粉，起油鍋，放入鮭魚煎至表面金黃色，盛盤再佐以塔塔醬。

■材料：鮭魚淨肉60克、胡蘿蔔20克、玉米粒8克、青豆仁5克、雞蛋85克、白飯250克、鹹蛋30克、蔥花2克、芹菜珠2克、沙拉油5大匙。

■調味料：鹽1/8小匙、胡椒1/4小匙。

■做法：

1.鮭魚切丁過油；胡蘿蔔去皮切丁與玉米粒、青豆仁川燙至熟備用，雞蛋打散。

2.起鍋加入1大匙油，到入蛋液炒熟，續入白飯、胡蘿蔔、玉米、青豆仁、鹹蛋及鮭魚丁快炒調味，起鍋前灑上蔥花及芹菜珠。

Easy cooking 鮭魚食譜

乳酪

鈣 ■ 547mg／100g

食材簡介 乳酪、乾酪就是我們所熟知的起司（Cheese）。乳酪的種類有八百多種，不同種類的乳酪，顏色、風味與脂肪熱量都不同。乳酪製作的過程須經過凝固、瀝乾水份、加鹽、熟成等四個步驟。

牛奶凝固後分成凝乳與乳漿，充分把水分瀝乾，去除多餘的乳漿，然後把鹽直接灑在起司表面，或把起司侵泡在鹽水中，有的起司便在此時注入細菌、黴菌使其發酵，乳酪就此完成了。

乳酪是牛奶「濃縮」後的產物，所以乳酪含有豐富的蛋白質、維生素B群、鈣質，且乳酪中的蛋白質因為被乳酸菌分解，比牛奶更容易消化。但因為它是濃縮品，所以是高熱量、高脂肪的食物，必須適量攝取。

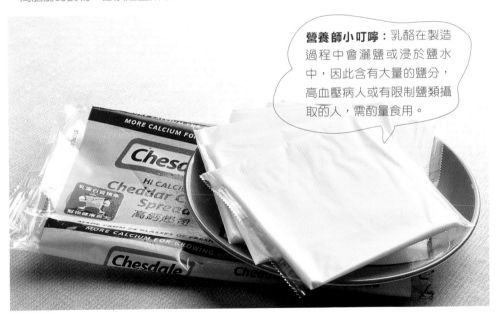

營養師小叮嚀：乳酪在製造過程中會灑鹽或浸於鹽水中，因此含有大量的鹽分，高血壓病人或有限制鹽類攝取的人，需酌量食用。

①起司脆餅

②起司飯糰

■材料：全麥土司2片、起司片2片。

■調味料：糖10克。

■做法：

1. 將起司片放置於吐司上，對角線切2刀，灑上砂糖。

2. 進烤箱以150度烤20分鐘後取出盛盤。

■材料：白飯100克、起司片1片、鰹魚香鬆。

■做法：

1. 白飯加香鬆拌勻，捏成球型飯糰，再將起司置於飯糰上。

2. 烤箱先以170度預熱，再放進飯糰烤8分鐘，取出即可食用。

Easy cooking 乳酪食譜

豆乾

鈣 ■ 273mg／100g

食材簡介 豆乾，黃豆製品之一。將黃豆加水可以磨成豆漿，豆漿加入凝固劑（氯化鈣）或是石膏（硫酸鈣），壓出水後即是豆腐，豆腐繼續壓乾水分，就是豆乾。

豆乾又有白豆乾、五香豆乾及黑豆乾，白豆乾是未經調味的原味豆乾，五香豆乾則是加入五香調味，黑豆乾的基本調味料是焦糖，焦糖兼具滷味與防腐雙重功效，所以在冷藏設備未發達的時代，以焦糖來滷豆乾，是保存豆乾的最佳方式。

黃豆屬於植物性蛋白質，其蛋白質利用率並不遜於動物蛋白，而黃豆所含的脂肪以亞麻油酸為主，可降低人體膽固醇含量及血壓。豆乾因加入了凝固劑，所以含鈣量相當豐富。

營養師小叮嚀： 豆乾在夏天時，很容易因為儲存而產生腐敗，所以要特別注意其保存環境。

①香乾牛肉

②宮保豆乾

■ 材料：牛肉絲50克、五香豆乾30克、辣椒5克、蔥段5克、香菜3克、沙拉油3大匙。

■ 醃料：酒1/2小匙、醬油1/2小匙、太白粉1小匙。

■ 調味料：糖1/2小匙、鹽1小匙。

■ 做法：

1.牛肉絲加醃料醃30分鐘。

2.五香豆乾切絲，辣椒洗淨切絲、蔥切段，香菜洗淨。

3.牛肉絲過油後撈起，留1大匙油入辣椒、蔥爆香，續入豆乾、牛肉絲拌炒調味，盛盤灑上香菜。

■ 材料：大溪黑豆乾70克、乾辣椒2克、花椒粒少許、蔥5克、蒜5克、太白粉1小匙、蒜味花生10克、沙拉油3大匙。

■ 調味料：酒1/4小匙、醬油1/2小匙、糖1/4小匙、醋1/4小匙。

■ 做法：

1.大溪黑豆乾剝塊，炸至金黃色；乾辣椒切小丁，蔥切蔥花，蒜頭拍碎。

2.起油鍋爆香乾辣椒、花椒，續加入蔥、蒜、所有調味料及少許水，入豆乾燜煮至水收乾，以太白粉水勾芡，起鍋加入花生即可。

Easy cooking 豆乾食譜

陽光維生素

黃豆

鈣 ■ 217mg／100g

食材簡介 日本人在過年的年菜中，都會準備豆類來供奉神明，以感謝去年的收成，並祈求來年的豐收，「豆」也具有祈求健康的意思；黃豆的營養價值接近肉類，因此享有「田園之肉」的美譽。現在我們更知道，它比肉類更好，因為肉類吃太多會造成血脂肪的上升，而黃豆本身則有控制血中膽固醇的效果。黃豆也是素菜的主要原料，它所提供的植物性蛋白質是素食者獲得蛋白質主要來源。

中國人是吃黃豆的民族，黃豆的製品有豆腐、豆漿、百頁、腐皮、豆乾等。研究已証實黃豆具有異黃酮素（Isoflanones），或叫植物雌激素（phytoestrogen），對於改善女性更年期各種症狀有明顯的功效。黃豆所含油脂則是人體必需的亞麻油酸及次亞麻油酸，並含有豐富的維生素D、B1、B6、礦物質及膳食纖維。

營養師小叮嚀：痛風的病人需適量攝取豆類，避免攝取過量使得尿酸值上升，但一天一杯豆漿絕對是在安全量之內。

①豆奶

②群豆燉雞湯

■材料：黃豆20克、糖15克、水300c.c、鮮奶200c.c。

■做法：

1. 黃豆洗淨，泡水4小時，取出瀝乾。
2. 泡發黃豆加等比例的水研磨成漿，瀝出豆漿去渣。
3. 豆漿煮沸加糖拌勻，加入鮮奶混合即可。

■材料：紅豆10克、黃豆20克、薏仁10克、蓮子10克、雞腿肉60克、小排骨50克、雞骨頭3付、蛤仔30克、胡蘿蔔30克、西芹20克。

■調味料：鹽1/2大匙。

■做法：

1. 紅豆、黃豆、薏仁及蓮子洗淨泡水隔夜，雞腿肉川燙至熟。
2. 小排骨、雞骨頭、蛤仔、胡蘿蔔及西芹加水500C.C熬成高湯，再加入紅豆、黃豆、薏仁、蓮子、雞腿肉大火煮滾後，以小火熬煮2小時後調味盛盤。

Easy cooking 黃豆食譜

芥藍

鈣 ■ 238mg／100g

食材簡介 芥藍英文名Chinese kale，十字花科屬甘藍類蔬菜，原產我國南方，栽培歷史悠久，是我國的特產蔬菜之一。蘇軾的《老饕賦》中寫道：「芥藍如菌蕈，脆美牙頰響。」就是形容芥藍有香蕈般的鮮美味道，嚼起來爽而不硬、脆而不韌。

芥藍的營養價值和藥用價值非常豐富，吃芥藍的好處包括：芥藍中胡蘿蔔素、維生素C含量都很高。而且芥藍中含有豐富的蘿蔔硫素（glucoraphanin），是迄今所發現存在蔬菜中最強而有力的抗癌成分。

經常食用芥藍還有降低膽固醇、軟化血管、預防心臟病的功能。從中醫的角度來講，芥藍味甘、性辛，有利水化痰、解毒祛風的作用。

營養師小叮嚀：烹煮時，油要多，時間要短，這樣就可得到清香、脆滑、口味獨特的芥藍。

❶蠔油芥藍

❷牛肉芥藍

■ 材料：芥藍100克、柴魚片1小把。

■ 調味料：蠔油1小匙、糖1/4小匙、香油少許。

■ 做法：

1. 芥藍洗淨，放入沸水中燙2分鐘，泡冰水降溫。

2. 蠔油加糖及少許水，稀釋煮沸加香油。

3. 芥藍放涼後瀝水切4公分段裝盤，淋上醬汁及柴魚片即可。

■ 材料：芥藍菜60克、牛肉片40克、薑片5克、辣椒5克、沙拉油2大匙。

■ 醃香料：醬油1/2大匙、胡椒少許、酒1小匙、香油1/2小匙、太白粉1/2大匙、水1大匙。

■ 調味料：鹽1/2小匙、蠔油1/2大匙、糖1/2大匙。

■ 做法：

1. 芥藍洗淨切段，牛肉加醃料拌勻備用。

2. 鍋熱加入1大匙油，先入芥藍炒熟，盛盤備用。

3. 再入1大匙油，爆香薑片及辣椒，入牛肉片炒至半熟，加入調味料續炒至熟，置於芥藍菜上即可。

Easy cooking 芥藍食譜

市售維生素
補充品

Supplement D

維生素D及鈣片的商品琳琅滿目，該怎麼選？考量價錢嗎？天然的一定比較好？

買回來的補充品該怎麼吃？要吃多少？什麼時間吃最佳？

食品級的維生素D和藥品級的維生素D有何不同？

▥ **選購市售維生素 D 補充品小常識**
▥ **常見市售維生素 D 補充品介紹**

維生素 D
Supplement

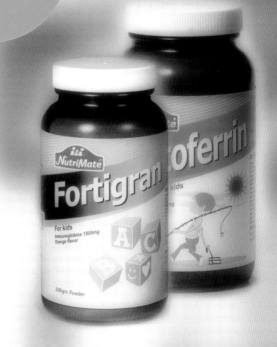

選購市售維生素 *D* 補充品小常識

Q1 如何選購維生素D與鈣片？

1. 千萬別貪小便宜，以免買到劣質品，得不償失。
2. 選購時認明cGMP廠商出品，品質才可能會有保障。
3. 不需要買最貴的產品，貴不一定最好，通常最貴的一定花了許多的廣告費，何必讓自己當冤大頭呢？

Q2 鈣片種類有哪些？選購時應注意些什麼？

市面上可以買得到的鈣質製劑，包括：錠劑、加味可嚼碎藥片及液狀型態等。鈣製劑會結合有效鈣離子及其他化學藥品。一般市面上最容易買得到的是碳酸鈣、乳酸鈣、葡萄糖酸鈣和檸檬酸鈣。

而最常被用來製造鈣片的鈣化合物是「碳酸鈣」，主要來自牡蠣、珍珠或其它含鈣的動物組織或人工化合物，過去許多人被「珍珠鈣」「牡蠣鈣」等名稱搞得一團亂，其實都是碳酸鈣。

碳酸鈣含有40%的有效鈣離子；檸檬酸鈣次之，含21%有效鈣離子；而乳酸鈣則含13%有效鈣離子；葡萄糖酸鈣含量最低，僅含9%有效鈣離子，所以，當你購買鈣製劑時，必須考慮有效鈣離子的量，而非鈣鹽的量。

另一個考量因素是吸收能力，美國臨床藥學雜誌所進行的研究發現,檸檬酸鈣的生體可用率（Bioavailability）高，是最易被人體吸收的鈣製劑，遠比傳統的碳酸鈣要好，不過，價格卻昂貴許多。

但由於檸檬酸鈣之化學原子量較大，因此，與其他鈣片相比較，能提供同量有效鈣離子之檸檬酸鈣的重量勢必較大，以同樣可提供200毫克鈣離子的補充劑為例，檸檬酸鈣的體積會較大，且不易吞服。

除了有效鈣離子的量和吸收率外，別忘了維生素D又是另一個影響鈣質吸收利用的營養素，維生素D具有防止鈣離子的流失，提升再吸收作用，如果沒有維生素D參與，人體對膳食中鈣的吸收率還達不到10%，所以，只是一味的補充鈣質而忽略了維生素D的攝取，吃進去的鈣質無法有效的留在體內或進入骨頭裡。因此，選擇含有維生素D的鈣片，也是聰明的選擇喔！

Q3 鈣片吃多少就吸收多少嗎？

鈣質的吸收與飲食的型態及服用時間均有關，但是，撇開這些因素不談，我們人體每次能夠吸收的鈣有多少呢？約只有500毫克，換句話說，如果您將一天所需的鈣質全部一次補充完成，吸收的上限也只有500毫克，所以，鈣片的補充並非一次補足或是越多越好。

因此您可以選擇多次補充，將一天的鈣建議量分在三餐補充，如此一來，才能真正達到每天的攝取建議量。

Q4 鈣片應飯前吃好還是飯後吃好呢？

我們的三餐中，青菜與肉類食物不可少。一般而言，植物性食物通常含有較多的植酸或草酸，植酸和草酸會與鈣離子結合，形成不可溶的鈣鹽，不能夠被人體利用；至於動物性食物則含有較多的脂肪，而過多的脂肪酸會與鈣離子相結合，成為不可溶的鈣化合物，即皂化作用，也不能被人體所利用。因此，在進餐時服用鈣片將使人體對鈣的吸收率下降而造成浪費，所以在兩餐之間服用，讓鈣片利用率更好。

Q5 天然的鈣片比較好嗎？

其實不然，天然的鈣片多來自於牡蠣、珍珠或其它含鈣的動物組織，如果處理不當，容易有重金屬中毒或殘留菌的問題。

Q6 維生素D飯前吃好還是飯後吃好？

維生素D因為是脂溶性的維生素，所以最好是在吃過正餐之後，讓腸胃道附著油脂，再服用維生素D，效果才會達到最佳。

Q7 去買維生素D時，發現好像有一些是食品級的維生素D，有一些是需要醫生處方的藥品級維生素D，藥品級的效果是不是比較好？

以前在台灣要買到超過600IU的維生素D非常不容易，所以只要親朋好友要到美國去，總是會託購高劑量的維生素D。

這是因為以前衛生署，將超過600IU的維生素D訂為醫師處方用藥，所以要買超過600IU的維生素D，必須先到醫院請醫師開出您可以購買「高劑量」的維生素D，才能拿著處方籤到藥房購買。

衛生署於八十九年一月二十八日先行就脂溶性維生素D之建議案，提藥物審議委員會指示藥品／成藥審議小組審查，會中決議放寬維生素D作為醫生處方藥的每日限量，由原本的每日600IU提高為1000IU，而每日用量600IU以下的維生素D，則以食品管理，但不可宣稱療效，因此可以在藥局購買得到高劑量的維生素D了。

藥品和食品的區別在於維生素D劑量的高低，針對高劑量的維生素D，相關的主管單位則希望民眾能在醫師的指導及建議之下服用，所以，才被列為藥品來管理。因此，民眾使用時應詳細閱讀說明書或詢問醫師或藥師。生病時，仍應到醫療院所就醫，由醫師診斷評估後，開給更高劑量之維生素處方藥，才能補充，以免過量使用而造成毒性累積。

Q8 「魚油」和「魚肝油」一樣嗎？

魚油與魚肝油都是大家耳熟的補充品，常被混為一談，而究竟魚油和魚肝油有何不同呢？

就原料來源而言，「魚油」來自深海魚類脂肪的萃取物，它屬於油脂類，主要成分為EPA和DHA；而「魚肝油」則來自魚類的肝臟，最主要的成分是維生素A和維生素D。

兩者的來源不同，對身體的作用亦不同，「魚油」主要在降低血液中壞的膽固醇（即低密度膽固醇；LDL），減緩血液的凝結及血塊的形成，可以降低血液的濃稠度，也就是說，魚油是血管的清道夫，能減少血管阻塞的機會，預防血管硬化發生。而「魚肝油」富含維生素A，可以避免因維生素A缺乏而產生乾眼症或夜盲症，同時，魚油也含有維生素D，因此對於鈣質的吸收、骨骼的穩固有很好的作用。

「魚油」和「魚肝油」是兩種不一樣的補充品，購買時請記得先確認自己的需求，再審慎決定。

Q9 魚肝油可以「保護眼睛、鞏固牙齒」，所以多多益善嗎？

錯，魚肝油的補充千萬不可「多多益善」。

魚肝油含有脂溶性的維生素A和維生

素D，脂溶性的維生素攝取超過身體的需要時，無法由尿液中排出去，會累積在身體裡，而造成中毒的症狀產生。

長時間過量食用維生素A，身體會有食慾不振、易怒煩躁、頭髮稀少、皮膚搔癢甚至肝臟脾臟種大等問題。而補充過量維生素D則會讓身體原本柔軟的組織器官發生鈣化，所以，魚肝油的補充必須適可而止。

Q11 腎結石的患者可以補充鈣質嗎？

一般人的印象中，總認為腎結石是因為鈣質攝取太多而導致。這個問題也曾經在醫學界中引起眾多爭論，早期的看法比較傾向於：「鈣質攝取過多會造成腎結石的發生」，因為大部份的結石是草酸鈣結石，而現在醫師的看法，則是認為結石不在於鈣質攝取過多，主要是在於吃多少草酸為主。

腎結石的發生原因眾多，結石的成分也不一樣，80%的腎結石為草酸鈣結石，其次是磷酸鈣結石，但大部份結石是兩者皆含。

腎結石的原因與日常飲食型態頗相關，所以，改變飲食和生活習慣是預防腎結石的最好方法。每天2000到3000C.C.的水分攝取，同時避免攝取含鹽分高的食物及草酸高的食物（如，茶、咖啡、可可、菠菜、甜菜、草莓、核桃等），且適度的攝取蛋白質，不要過量。

如果完全不補充鈣質，當鈣質攝取不夠時，腸道中的草酸會被再吸收到身體，經代謝後傳到輸尿管或腎臟，此時的草酸便很容易和鈣質結合，形成草酸鈣沉積而導致腎結石。所以，對於預防腎結石的方法，除了減少草酸食物的攝取外，足夠的鈣質攝取也很重要。

而且，如果長期鈣質不足，不但會影響正常生理機能，長久下來，也容易有骨質疏鬆症發生。

你滋美得 全家鈣

售價／600元

■ **商品特性**：提供全家人每日所需的鈣質，照顧骨骼牙齒，並維持心臟、肌肉正常收縮及神經的感應性。
本產品經衛食署字第0900051214號函查驗登記認定為食品

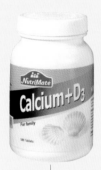

■ **適用對象**：學齡期兒童、成年人、更年期婦女、缺乏運動者及缺少日晒者

■ **建議用量**：
【保健】每日1～2錠
【改善】每日3錠
（分次飯後食用）

■ **包裝規格**：180錠／瓶
（買一送一）

■ **公司**：景華生技股份有限公司

■ **國外原廠**：Alfa, Inc.

■ **注意事項**：
1.使用後置於陰涼、乾燥處保存。
2.使用後請關緊瓶蓋，避免孩童自行取用。

| 類別 | ■維生素D |
| 型態 | ■錠劑 |

維生素成分（每錠）	A	B1	B2	B6	B12	生物素	葉酸	菸鹼酸	泛酸	C	D	E	K	β-胡蘿蔔素	膽鹼	肌醇	PABA
									3.0 mg								
	硼	鈣	鉻	鈷	銅	氟	碘	鐵	鎂	錳	鉬	磷	鉀	硒	鈉	硫	鋅
		✓															
其他																	

你滋美得 乳鐵益兒壯

售價／880元

■ **商品特性**：牛的初乳含高單位球蛋白如：IgG，另添加乳鐵蛋白，可提高幼兒外在環境適應能力。並結合多種維生素，如：B群、有益菌、珍珠貝鈣、DHA及果寡糖，提供寶寶最天然的防禦網。

■ **適用對象**：偏食的兒童，無咀嚼能力的年長者及臥床者，欲調整體質者

■ **建議用量**：
沖泡於牛奶或果汁中
【1～3歲】一天3次，
每次1／2～1匙
【3歲以上】一天3次，每次2匙

■ **包裝規格**：200gm／瓶

■ **公司**：景華生技股份有限公司

■ **國外原廠**：Best Formulations

■ **注意事項**：
1.置於陰涼、乾燥處保存。
2.請關緊瓶蓋。

| 類別 | ■營養保健品 |
| 型態 | ■粉末 |

維生素成分（每粒）	A	B1	B2	B6	B12	生物素	葉酸	菸鹼酸	泛酸	C	D	E	K	β-胡蘿蔔素	膽鹼	肌醇	PABA
	450 IU	10 mg	15 mg	12.4 mg						200 mg	200 IU	2 IU		13.5 mg			
	硼	鈣	鉻	鈷	銅	氟	碘	鐵	鎂	錳	鉬	磷	鉀	硒	鈉	硫	鋅
		✓															

其他：有益菌、ＤＨＡ、啤酒酵母、初乳（免疫球蛋白）、乳鐵蛋白、卵磷脂

你滋美得 益兒壯　　售價／680元

■ **商品特性**：由牛初乳中抽取高單位球蛋白如IgG，並結合多種維生素如B群、有益菌、珍珠貝鈣、DHA及果寡糖，可提高嬰幼兒對環境適應能力，提供嬰幼兒最天然的防禦網。

■ **適用對象**：體質虛弱之嬰幼童，偏食、挑食者，欲調整體質的年長者
■ **建議用量**：
沖泡於牛奶或果汁中
【幼兒6～12個月】一天3次，每次1／2匙
【兒童】一天3次，每次1～2匙
■ **包裝規格**：200gm／瓶
■ **公司**：景華生技股份有限公司
■ **國外原廠**：Best Formulations

■ **注意事項**：
使用後請關緊瓶蓋，置於陰涼、乾燥處保存

類別	■營養保健品
型態	■粉末

維生素	A	B1	B2	B6	B12	生物素	葉酸	菸鹼酸	泛酸	C	D	E	K	β胡蘿蔔素	膽鹼	肌醇	PABA
成分（每粒）	4500 IU	10 mg	15 mg	4 mg						200 mg	200 IU	13.5 mg					

硼	鈣	鉻	鈷	銅	氟	碘	鐵	鎂	錳	鉬	磷	鉀	硒	鈉	硫	鋅
	✓															

其他：有益菌、DHA、啤酒酵母、初乳（免疫球蛋白）、卵磷脂

Better Life優質生活 倍維多　　售價／580元

■ **商品特性**：倍維多擁有多種營養補給，可幫助您輕鬆做好健康維持，減少疲勞感，保持您洋溢不絕的活力。更添加茄紅素、螺旋藻、小米草、柑橘類黃酮等複合草本精華，讓您保持青春永駐，一錠滿足您多方的需求。

■ **適用對象**：工作忙碌、飲食攝取不均衡者常感疲倦、體力透支者
■ **建議用量**：
每日一粒於餐後食用
■ **包裝規格**：60錠／瓶
■ **公司**：
中化裕民健康事業股份有限公司
中國化學製藥生技研究中心

■ **注意事項**：
1.置於陰涼、乾燥處保存
2.請關緊瓶蓋，避免孩童自行取用

類別	■營養保健品
型態	■錠劑

維生素	A	B1	B2	B6	B12	生物素	葉酸	菸鹼酸	泛酸	C	D	E	K	β胡蘿蔔素	膽鹼	肌醇	PABA
成分（每粒）	4000 IU	1.5 mg	1.7 mg	2 mg	12.6 mcg	30 mcg	400 mcg	20 mg	10 mg	60 mg	400 IU	30 IU	25 mcg	1000 IU			

硼	鈣	鉻	鈷	銅	氟	碘	鐵	鎂	錳	鉬	磷	鉀	硒	鈉	硫	鋅
	✓	✓	✓	✓	✓	✓	✓	✓	✓	✓	✓	✓				✓

其他：柑橘類黃酮、茄紅素、螺旋藻、小米草

善存* 膜衣錠

售價／470 元（60錠）
700 元（100錠）

- **商品特性**：善存*乃是針對成人所設計之完整營養配方。本製劑係由人體必需的多種維生素與礦物質所構成，包含了葉酸及維生素A.C.E.等抗氧化劑。

- **適用對象**：成人
- **建議用量**：
  成人每日吞服一錠
- **包裝規格**：60錠／瓶
  100錠／瓶
- **公司**：
  台灣惠氏股份有限公司
  中國化學製藥生技研究中心

- **注意事項**：
  使用後請蓋緊瓶蓋，並避免將水滴入瓶內，請置於乾燥陰涼及兒童無法取得之處

類別	■營養保健品
型態	■膜衣錠

維生素	A	B1	B2	B6	B12	生物素	葉酸	菸鹼酸	泛酸	C	D	E	K	β胡蘿蔔素	膽鹼	肌醇	PABA
成分（每粒）	5000 IU	1.5 mg	1.7 mg	2 mg	6 mcg	30 mcg	400 mcg	20 mg	10 mg	60 mg	400 IU	30 IU	25 mcg				
	硼	鈣	鉻	鈷	銅	氟	碘	鐵	鎂	錳	鉬	磷	鉀	硒	鈉	硫	鋅	氯
		✓	✓		✓		✓	✓	✓	✓	✓	✓	✓				✓	✓

其他	鎳、矽、錫、釩

銀寶善存* 膜衣錠

售價／500 元（60錠）
780 元（100錠）

- **商品特性**：銀寶善存*乃是針對50歲以上成人所特別設計之完整營養配方。本製劑係由人體必需的多種之維生素與礦物質所構成，包含了維生素A.C.E.等抗氧化劑。

- **適用對象**：成人
- **建議用量**：
  50歲以上成人每日吞服一錠。
- **包裝規格**：60錠／瓶
  100錠／瓶
- **公司**：台灣惠氏股份有限公司

- **注意事項**：
  使用後請蓋緊瓶蓋，並避免將水滴入瓶內，請置於乾燥陰涼及兒童無法取得之處。

類別	■營養保健品
型態	■膜衣錠

維生素	A	B1	B2	B6	B12	生物素	葉酸	菸鹼酸	泛酸	C	D	E	K	β胡蘿蔔素	膽鹼	肌醇	PABA
成分（每粒）	6000 IU	1.5 mg	1.7 mg	3 mg	25 mcg	30 mcg	0.2 mg	20 mg	10 mg	60 mg	400 IU	45 IU	10 mcg				
	硼	鈣	鉻	鈷	銅	氟	碘	鐵	鎂	錳	鉬	磷	鉀	硒	鈉	硫	鋅	氯
		✓	✓		✓		✓	✓	✓	✓	✓	✓	✓	✓			✓	✓

其他	鎳、矽、錫、釩

你滋美得 成長鈣

售價／680元

■ **商品特性**：先進科技製成液體鈣軟膠囊，能迅速吸收，
幫助骨骼及牙齒正常發育，維持心臟、肌肉正常收縮。
本產品經衛署食字第0920036693號函查驗登記認定為
食品

■ **適用對象**：青少年、偏食、挑
食者、注重骨骼及牙齒正常發
育者
■ **建議用量**：
【保健】每日1～2粒
【改善】每日3～4粒
（分次飯後食用）
■ **包裝規格**：
60粒／瓶（2瓶1組）
■ **公司**：景華生技股份有限公司
■ **國外原廠**：Best Formulations

■ **注意事項**：
1.置於陰涼、乾燥處保存
2.請關緊瓶蓋，避免孩童自行取用

| 類別 | ■營養保健品 |
| 型態 | ■軟膠囊 |

維生素	A	B1	B2	B6	B12	生物素	葉酸	菸鹼酸	泛酸	C	D	E	K	β胡蘿蔔素	膽鹼	肌醇	PABA
成分（每粒）									20 mg	100 IU							

	硼	鈣	鉻	鈷	銅	氟	碘	鐵	鎂	錳	鉬	磷	鉀	硒	鈉	硫	鋅
		✓							✓								

| 其他 | |

你滋美得 優兒鈣粉

售價／680元

■ **商品特性**：以含鈣最豐富的天然碳酸鈣加上檸檬酸鈣、
抗壞血酸鈣、乳酸鈣，並結合三種鈣質吸收因子:酪蛋白
磷酸胜肽（CPP）、維生素C、維生素D3，有效提高鈣
的溶解度，幫助鈣質的吸收利用，真正符合嬰幼兒成長
所需鈣質。

■ **適用對象**：0歲以上嬰幼兒，不會
吞服錠劑與膠囊的兒童、偏食、挑
食者
■ **建議用量**：沖泡於牛奶或果汁中
【嬰兒0～6個月】
一天1～2次，每次1／2匙
【嬰兒6～12個月】
一天2次，每次1匙
【兒童】一天2次，每次1～2匙
■ **包裝規格**：200gm／瓶
■ **公司**：景華生技股份有限公司
■ **國外原廠**：Best Formulations

■ **注意事項**：
1.使用後置於陰涼、乾燥處保存
2.使用後請關緊瓶蓋

| 類別 | ■營養保健品 |
| 型態 | ■粉末 |

維生素	A	B1	B2	B6	B12	生物素	葉酸	菸鹼酸	泛酸	C	D	E	K	β胡蘿蔔素	膽鹼	肌醇	PABA
成分（每粒）										1700 mg	300 IU						

	硼	鈣	鉻	鈷	銅	氟	碘	鐵	鎂	錳	鉬	磷	鉀	硒	鈉	硫	鋅

| 其他 | 卵磷脂、酪蛋白磷酸胜肽 |

優倍多高鈣增強錠　　售價／650元

■**商品特性**：高單倍鈣質（每粒608毫克），並添加維生素C、D幫助鈣質吸收，又含銅、鋅、錳、鎂可強化骨鈣形成，讓鈣真正吃進骨頭裡。

■**適用對象**：一般人
　（青少年，孕婦，老年人）
■**建議用量**：
　1日1顆，飯後食用
■**包裝規格**：60粒／瓶
■**公司**：
　杏輝藥品工業股份有限公司
■**國外原廠**：
　加拿大CanCap G.M.P藥廠

■**注意事項**：
　請依照瓶身用量食用，不可過量。

類別	■營養保健品
型態	■錠劑

維生素成分（每粒）	A	B1	B2	B6	B12	生物素	葉酸	菸鹼酸	泛酸	C	D	E	K	β胡蘿蔔素	膽鹼	肌醇	PABA
										30 mg	200 IU		✓				

	硼	鈣	鉻	鈷	銅	氟	碘	鐵	鎂	錳	鉬	磷	鉀	硒	鈉	硫	鋅
		✓			✓				✓	✓							✓

其他	

Better Life優質生活　多多鈣　　售價／380元

■**商品特性**：無糖優質複合鈣含錠，全家老少皆適宜的鈣片。太大顆不好吞嗎？多多鈣讓您輕鬆好吃的補充複合鈣質，本品為最新 Isomalt 無糖配方，並添加活性維生素D3、酪蛋白磷酸胜肽（CPP）等鈣質輔助因子，幫您維持骨骼及牙齒的健康。

■**適用對象**：成長中的青少年、懷孕中之婦女、中年女性或處於更年期者、老年人等骨質流失迅速時，須鈣質補充者。
■**建議用量**：
　每日3～5粒，請分次於餐後或睡前食用，以利吸收利用。
■**包裝規格**：60粒／瓶
■**公司**：
　中化裕民健康事業股份有限公司
　中國化學製藥生技研究中心
■**國外原廠**：

■**注意事項**：

類別	■營養保健品
型態	■口含錠

維生素成分（每粒）	A	B1	B2	B6	B12	生物素	葉酸	菸鹼酸	泛酸	C	D	E	K	β胡蘿蔔素	膽鹼	肌醇	PABA
	792.7 mg										50 IU						

	硼	鈣	鉻	鈷	銅	氟	碘	鐵	鎂	錳	鉬	磷	鉀	硒	鈉	硫	鋅

其他	酪蛋白磷酸胜25 mg、膠原蛋白50 mg

你滋美得 高鎂鈣

售價／880元

- **商品特性**：鎂可以維持心臟、肌肉及神經的正常功能，而維生素D3幫助鈣質吸收，鈣與鎂的結合，可共同維持骨骼、牙齒的健康。

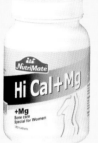

- **適用對象**：忙碌者、上班族、孕乳婦、欲調節生理期機能的女性
- **建議用量**：
  【保健】每日1～2錠
  【改善】每日3錠
  （分次飯後食用）
- **包裝規格**：180錠／瓶
- **公司**：
  景華生技股份有限公司
- **國外原廠**：Alfa, Inc.

- **注意事項**：
  1.置於陰涼、乾燥處保存。
  2.請關緊瓶蓋，避免孩童自行取用。

類別	■營養保健品
型態	■錠劑

維生素	A	B1	B2	B6	B12	生物素	葉酸	菸鹼酸	泛酸	C	D	E	K	β-胡蘿蔔素	膽鹼	肌醇	PABA
												200 IU					

成分（每粒）	硼	鈣	鉻	鈷	銅	氟	碘	鐵	鎂	錳	鉬	磷	鉀	硒	鈉	硫	鋅
		✓							✓								

其他	

你滋美得 滋固健達

售價／880元

- **商品特性**：萄糖胺搭配鈣質及維他命D3，能維持骨骼健康，並促進鈣的吸收及利用，幫助健康維持。

- **適用對象**：中老年人、更年期婦女、長期坐辦公室者、欲幫助健康維持者
- **建議用量**：
  【保健】每日1～2粒
  【改善】每日3～4粒
  （分次飯後食用）
- **包裝規格**：
  60粒／瓶（2瓶1組）
- **公司**：
  景華生技股份有限公司
- **國外原廠**：
  Best Formulations

- **注意事項**：
  1.置於陰涼、乾燥處保存。
  2.請關緊瓶蓋，避免孩童自行取用。

類別	■營養保健品
型態	■軟膠囊

維生素	A	B1	B2	B6	B12	生物素	葉酸	菸鹼酸	泛酸	C	D	E	K	β-胡蘿蔔素	膽鹼	肌醇	PABA
												250 IU					

成分（每粒）	硼	鈣	鉻	鈷	銅	氟	碘	鐵	鎂	錳	鉬	磷	鉀	硒	鈉	硫	鋅
		30 mg															

其他	葡萄糖胺

加仕沛-美麗佳人 鈣補錠　　售價／350元

- **■商品特性**：鈣是形成骨骼和牙齒必要的營養素，能維持心臟、肌肉正常收縮及神經的感應性。節食中及飲食不正常時，特別容易造成鈣的不足。推薦給不喜歡吃小魚、乳製品者及高齡者。

- **■適用對象**：一般人、預防骨質疏症、幫助孩童生長發育
- **■建議用量**：
  每次1錠，每日3次，可咀嚼或口含後吞服
- **■包裝規格**：60錠／瓶
- **■公司**：
  永信藥品工業股份有限公司
- **■國外原廠**：
  Carlsbad Technology Inc.U.S.A.

- **■注意事項**：
  請確實遵循每日建議量食用，不需多食

類別	■營養保健品
型態	■口嚼錠

維生素	A	B1	B2	B6	B12	生物素	葉酸	菸鹼酸	泛酸	C	D	E	K	β胡蘿蔔素	膽鹼	肌醇	PABA
成分（每粒）									0.003 mg								
	硼	鈣	鉻	鈷	銅	氟	碘	鐵	鎂	錳	鉬	磷	鉀	硒	鈉	硫	鋅
其他	碳酸鈣300 mg、膠原蛋白5 mg																

悠康-固永壯強化錠　　售價／1,180元

- **■商品特性**：本產品嚴選調節生理機能所必需之天然精華-天然葡萄糖胺及軟骨素，並添加維持骨骼生長及發育所需之精純鈣質、維生素D3與維生素K1，是現代人維持骨骼健康、調整體質、延年益壽及時時保持身手矯健的好選擇。

- **■適用對象**：一般人
- **■建議用量**：
  每次2錠，每日2次，於餐後以溫水吞食
- **■包裝規格**：120錠／瓶
- **■公司**：
  永信藥品工業股份有限公司
- **■國外原廠**：
  Carlsbad Technology Inc.U.S.A.

- **■注意事項**：
  請確實遵循每日建議量食用，不需多食

類別	■營養保健品
型態	■膜衣錠

維生素	A	B1	B2	B6	B12	生物素	葉酸	菸鹼酸	泛酸	C	D3	E	K1	β胡蘿蔔素	膽鹼	肌醇	PABA
成分（每粒）											0.2 mg		0.085 mg				
	硼	鈣	鉻	鈷	銅	氟	碘	鐵	鎂	錳	鉬	磷	鉀	硒	鈉	硫	鋅
其他	天然葡萄糖胺375 mg、天然軟骨素150 mg、碳酸鈣50 mg																

悠康-鯊魚軟骨膠囊

售價／980元

■ **商品特性**：本產品嚴選西太平洋溫熱帶海域之優質鯊魚，其軟骨是補充軟骨素和天然有機鈣質的最佳來源，維生素D3可促進鈣質的吸收，幫助骨骼及牙齒之生長發育，是現代人留住骨本、昂首挺立、滋補強身及延年益壽的好選擇。

■ **適用對象**：一般人
■ **建議用量**：每次1粒，每日2次，於餐後以溫水吞食
■ **包裝規格**：120錠／瓶
■ **公司**：永信藥品工業股份有限公司
■ **國外原廠**：Carlsbad Technology Inc.U.S.A.

■ **注意事項**：請確實遵循每日建議量食用，不需多食

| 類別 | ■營養保健品 |
| 型態 | ■膠囊 |

維生素（每粒）	A	B1	B2	B6	B12	生物素	葉酸	菸鹼酸	泛酸	C	D3	E	K1	β胡蘿蔔素	膽鹼	肌醇	PABA
											0.004 mg						

	硼	鈣	鉻	鈷	銅	氟	碘	鐵	鎂	錳	鉬	磷	鉀	硒	鈉	硫	鋅

其他　鯊魚軟骨抽出物300 mg

挺立（R）鈣加強錠

售價／650元(60錠)
900元(100錠)

■ **商品特性**：挺立 鈣加強錠含鈣質濃度高的碳酸鈣，並添加對鈣質吸收利用很重要的維他命D3，以及可減緩骨質流失、幫助建立骨質的鎂、鋅、銅、錳。

■ **適用對象**：成人及兒童
■ **建議用量**：
【成人】每日吞服1～2錠
【兒童】每日吞服1錠
■ **包裝規格**：120錠／瓶
■ **公司**：台灣惠氏股份有限公司
■ **國外原廠**：

■ **注意事項**：醫師藥師藥劑生指示藥品

| 類別 | ■營養保健品 |
| 型態 | ■錠劑 |

維生素（每粒）	A	B1	B2	B6	B12	生物素	葉酸	菸鹼酸	泛酸	C	D	E	K	β胡蘿蔔素	膽鹼	肌醇	PABA
											200 IU						

	硼	鈣	鉻	鈷	銅	氟	碘	鐵	鎂	錳	鉬	磷	鉀	硒	鈉	硫	鋅
		✓		✓				✓	✓							

其他

三多女營養素(植物性)　　售價／499元

■ **商品特性**：補充中年婦女大豆萃取物(大豆異黃酮素)，鈣、鎂、維生素D3、K1、E等營養素，可調節女性生理功能、提升生活品質、青春永駐。

■ **適用對象**：35歲以上女士、中年婦女營養補充
■ **建議用量**：每日2錠、每日早晚飯後各1錠
■ **包裝規格**：120錠／盒
■ **公司**：三多士股份有限公司
■ **國外原廠**：

■ **注意事項**：準孕婦及產婦不建議使用。

類別	■營養保健品
型態	■錠劑

維生素（每粒）	A	B1	B2	B6	B12	生物素	葉酸	菸鹼酸	泛酸	C	D	E	K	β胡蘿蔔素	膽鹼	肌醇	PABA
										300 IU	25 IU	50 mcg					
	硼	鈣	鉻	鈷	銅	氟	碘	鐵	鎂	錳	鉬	磷	鉀	硒	鈉	硫	鋅
		✓							✓								

其他：大豆萃取物

三多鈣營養錠　　售價／499元

■ **商品特性**：每份量含鈣600毫克，特別添加維生素D3、CPP、鋅、鎂、銅、錳，幫助鈣質吸收，是最好的鈣補充配方。

■ **適用對象**：青少年、成人、工作勞累、上班族、家庭主婦
■ **建議用量**：成人每次2錠，每日早晚飯後各1次。青少年發育期減半食用。
■ **包裝規格**：240g／罐
■ **公司**：三多士股份有限公司
■ **國外原廠**：

■ **注意事項**：保存於陰涼乾燥處。

類別	■營養保健品
型態	■錠劑

維生素（每粒）	A	B1	B2	B6	B12	生物素	葉酸	菸鹼酸	泛酸	C	D	E	K	β胡蘿蔔素	膽鹼	肌醇	PABA
											200 IU						
	硼	鈣	鉻	鈷	銅	氟	碘	鐵	鎂	錳	鉬	磷	鉀	硒	鈉	硫	鋅
	✓	✓			✓				✓	✓							✓

其他：酪蛋白磷酸胜肽（CPP）

三多兒童綜合維他命　　售價／399元

■ **商品特性**：專為兒童設計的兒童用綜合維他命，並添加蜂膠、山桑子、初乳奶粉及乳酸菌。

■ **適用對象**：幼兒、兒童、青少年
■ **建議用量**：
【2～4歲】每日2錠
【5～16歲之兒童及青少年】每日3錠
■ **包裝規格**：120錠／瓶
■ **公司**：三多士股份有限公司

■ **注意事項**：
為避免吞食，請咀嚼或研粉食用。

類別	■綜合維生素
型態	■錠劑

	A	B1	B2	B6	B12	生物素	葉酸	菸鹼酸	泛酸	C	D	E	K	β胡蘿蔔素	膽鹼	肌醇	PABA
維生素成素	5000 IU	1.5 mg	1.7 mg	2 mg	6 mcg	45 mcg	400 mcg	20 mg	10 mg	100 mg	400 IU	30 IU	10 mg	✓			
	硼	鈣	鉻	鈷	銅	氟	碘	鐵	鎂	錳	鉬	磷	鉀	硒	鈉	硫	鋅
分	✓	✓		✓		✓	✓	✓	✓	✓	✓		✓				✓

其他　山桑子萃取物、初乳奶粉、乳鐵蛋白、蜂膠、ABLSE乳酸菌

三多綜合維他命　　售價／699元

■ **商品特性**：全方位綜合維他命、礦物質及金盞花萃取物，滋補強身，再現活力。

■ **適用對象**：成人
■ **建議用量**：
每日1錠，餐後配開水服用
產前後病後之補養，每日服用2錠
■ **包裝規格**：300錠／瓶
■ **公司**：三多士股份有限公司

■ **注意事項**：
開罐後保持密閉，存於陰涼乾燥處。

類別	■綜合維生素
型態	■錠劑

	A	B1	B2	B6	B12	生物素	葉酸	菸鹼酸	泛酸	C	D	E	K	β胡蘿蔔素	膽鹼	肌醇	PABA
維生素成素	2500 IU	1.5 mg	1.7 mg	2 mg	6 mcg	30 mcg	400 mcg	20 mg	10 mg	100 mg	400 IU	30 IU	25 mg	2500 IU			
	硼	鈣	鉻	鈷	銅	氟	碘	鐵	鎂	錳	鉬	磷	鉀	硒	鈉	硫	鋅
分	✓	✓	✓	✓	✓	✓	✓	✓	✓	✓	✓	✓	✓	✓	✓		✓

其他　金盞花萃取物

日谷 長效綜合維他命　售價／400元

- **商品特性**：含有完整100%RDA之25種營養素與礦物質，更添加黃耆、西洋蔘、金盞花萃取物等植物精華，營養價值更加分，24小時滋補強身不間斷！特殊包覆技術，緩慢釋放，達到24小時長效作用。

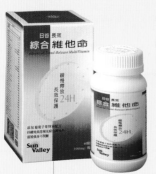

- **適用對象**：一般成人
- **建議用量**：1日1顆
- **包裝規格**：60粒／瓶
- **公司**：日谷國際有限公司

- **注意事項**：飯後食用，請依照瓶身服用量食用，不可過量。

類別	■綜合維生素
型態	■膜衣錠

維生素	A	B1	B2	B6	B12	生物素	葉酸	菸鹼酸	泛酸	C	D	E	K	β胡蘿蔔素	膽鹼	肌醇	PABA
成分	2500 IU	1 mg	1.1 mg	1.5 mg	2.4 mcg	30 mcg	420 mcg	13 mg	5 mg	100 mg	200 IU	12 IU	25 mg	2500 IU			

	硼	鈣	鉻	鈷	銅	氟	碘	鐵	鎂	錳	鉬	磷	鉀	硒	鈉	硫	鋅
分	✓			✓	✓		✓	✓	✓	✓	✓	✓	✓	✓			✓

其他：矽、金盞花萃取、葡萄籽萃取、黃耆、西洋蔘

大可大安孺（男性專用）　售價／2000元

- **商品特性**：依據現代男仕的需求，提供最完整的營養配方。含有最豐富及高劑量的多種維生素、礦物質、微量元素、胺基酸，與時下最熱門的天然營養補給品。

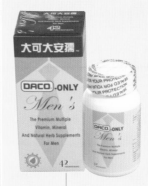

- **適用對象**：一般人。忙碌的上班族、消耗大量體力的勞動族、正值成長快速的青少年、體力漸弱的中老年、想要大展雄風的男性或受不孕困擾的先生
- **建議用量**：每日2錠，每日1次，餐後食用
- **包裝規格**：90錠／瓶
- **公司**：大田有限公司
- **國外原廠**：BIOMED INSTITUTE COMPANY

- **注意事項**：開瓶後請放入冰箱冷藏。

類別	■綜合維生素
型態	■錠劑

維生素	A	B1	B2	B6	B12	生物素	葉酸	菸鹼酸	泛酸	C	D	E	K	β胡蘿蔔素	膽鹼	肌醇	PABA
成分	✓	50 mg	60 mg	60 mg	60 mcg	120 mcg	800 mcg	30 mg	20 mg	300 mg	400 IU	200 IU	40 mcg	10000 IU	✓	✓	✓

	硼	鈣	鉻	鈷	銅	氟	碘	鐵	鎂	錳	鉬	磷	鉀	硒	鈉	硫	鋅
分	✓	✓	✓	✓	✓		✓	✓	✓	✓	✓	✓	✓	✓		✓	✓

其他：胺基酸、水田芥、銀杏果、南瓜子粉、冬蟲夏草、茄紅素、蜂膠、葡萄籽。

大可大安孺（女性專用） 售價／2000元

■ **商品特性**：依據現代女仕的需求，提供最完整的營養配方。含有最豐富及高劑量的多種維生素、礦物質、微量元素、胺基酸，與時下最熱門的天然營養補給品。

■ **適用對象**：一般人。忙碌的上班女郎、操持家務的家庭主婦、正值成長快速的少女、體力漸弱的中老年婦女、想要懷孕的婦女、孕婦或哺乳的媽媽

■ **建議用量**：每日2錠，每日1次，餐後食用

■ **包裝規格**：90錠／瓶

■ **公司**：大田有限公司

■ **國外原廠**：BIOMED INSTITUTE COMPANY

■ **注意事項**：
開瓶後請放入冰箱冷藏。

類別	■綜合維生素
型態	■錠劑

維生素成分	A	B1	B2	B6	B12	生物素	葉酸	菸鹼酸	泛酸	C	D	E	K	β胡蘿蔔素	膽鹼	肌醇	PABA
	✓	50mg	100mg	80mg	160mcg	160mcg	800mcg	30mg	20mg	300mg	400IU	200IU	40mcg	10000IU	✓	✓	

成分	硼	鈣	鉻	鈷	銅	氟	碘	鐵	鎂	錳	鉬	磷	鉀	硒	鈉	硫	鋅
	✓	✓	✓	✓	✓	✓	✓	✓	✓	✓	✓	✓	✓	✓	✓		✓

其他：胺基酸、月見草油、人蔘、當歸、葡萄籽、茄紅素、大豆異黃酮。

大可小安孺（咀嚼錠食品） 售價／1000元

■ **商品特性**：大可小安孺咀嚼錠為一有多種維他命、礦物質、天然小麥胚芽粉、羊乳粉、鈣粉、初乳的營養補充品，以特殊技術調配，最適合孩童口味。不含蔗糖、葡萄糖，甜味來自山梨醇成份，長期食用不會造成蛀牙。含豐富的維他命E、C、B群、礦物質、蛋白質、胺基酸、乳酸菌，能調整體質、調節生理機能，促進身體對維生素的吸收利用。

■ **適用對象**：3歲～12歲

■ **建議用量**：
【3歲以下孩童】每日1錠
【3歲～6歲孩童】每日2錠
【6歲以上孩童】每日3錠
隨主餐咀嚼食用。

■ **包裝規格**：100錠／瓶

■ **公司**：大田有限公司

■ **國外原廠**：BIOMED INSTITUTE COMPANY

■ **注意事項**：
開瓶後請放入冰箱冷藏。

類別	■綜合維生素
型態	■口嚼錠

維生素成分	A	B1	B2	B6	B12	生物素	葉酸	菸鹼酸	泛酸	C	D	E	K	β胡蘿蔔素	膽鹼	肌醇	PABA
	2500IU	0.75mg	0.85mg	1mg	3mcg		200mcg	5mg		30mg	200IU	15IU					

成分	硼	鈣	鉻	鈷	銅	氟	碘	鐵	鎂	錳	鉬	磷	鉀	硒	鈉	硫	鋅
		✓					✓										✓

其他：小麥胚芽粉、羊乳粉、初乳、嗜酸乳桿菌（A菌）、比菲德氏菌（B菌）、酪乳酸桿菌（C菌）。

大可小安孺

售價／1000元

■ **商品特性**：大可小安孺顆粒為一有多種維他命、礦物質、天然小麥胚芽粉、鈣粉及初乳的營養補充品，以特殊技術調配而成，最適合孩童口味。不含蔗糖、葡萄糖，甜味來自山梨醇成分，長期食用不會造成蛀牙。含豐富的維他命E、C、B群、礦物質、蛋白質、胺基酸、乳酸菌，能調整體質、調節生理機能，促進身體對維生素的吸收利用。

■ **適用對象**：4個月以上嬰幼兒
■ **建議用量**：可加入牛奶、開水、果汁，每次加1～2匙大可小安孺顆粒，調勻後即可飲用
■ **包裝規格**：150g／瓶
■ **公司**：大田有限公司
■ **國外原廠**：BIOMED INSTITUTE COMPANY

■ **注意事項**：
開瓶後請放入冰箱冷藏。

類別	■綜合維生素
型態	■粉末

維生素	A	B1	B2	B6	B12	生物素	葉酸	菸鹼酸	泛酸	C	D	E	K	β胡蘿蔔素	膽鹼	肌醇	PABA
成分		0.32 mg	0.34 mg	0.4 mg	1 mcg			60 mg	2.5 mg	18 mg	2.5 IU	1.5 IU		1000 IU	✓	✓	

分	硼	鈣	鉻	鈷	銅	氟	碘	鐵	鎂	錳	鉬	磷	鉀	硒	鈉	硫	鋅
		✓						✓									✓

其他

美加男食品

售價／1350元（90錠）
2400元（180錠）

■ **商品特性**：強化照護男性及活力能量的天然配方，是適合現代男性的均衡綜合維他命。

■ **適用對象**：一般成年男性
■ **建議用量**：每日1顆
■ **包裝規格**：90錠／瓶、180錠／瓶
■ **公司**：健安喜。松雪企業股份有限公司
■ **國外原廠**：GNC

■ **注意事項**：
白天飯後食用較佳。

類別	■綜合維生素
型態	■錠劑

維生素	A	B1	B2	B6	B12	生物素	葉酸	菸鹼酸	泛酸	C	D	E	K	β胡蘿蔔素	膽鹼	肌醇	PABA
成分	✓	✓	✓	✓	✓	✓	✓	✓	✓	✓	✓	✓		✓	✓	✓	

分	硼	鈣	鉻	鈷	銅	氟	碘	鐵	鎂	錳	鉬	磷	鉀	硒	鈉	硫	鋅
	✓	✓	✓	✓	✓	✓	✓	✓	✓	✓	✓	✓	✓	✓		✓	✓

其他　天然抗氧化配方、蕃茄紅素

備註：劑量保密

優卓美佳食品錠

售價／1350元（90錠）
2400元（180錠）

■ **商品特性**：強化女性易缺乏的營養素，是適合女性的均衡綜合維他命。

■ **適用對象**：一般成年女性
■ **建議用量**：每日1顆
■ **包裝規格**：90錠／瓶、180錠／瓶
■ **公司**：健安喜。松雪企業股份有限公司
■ **國外原廠**：GNC

■ **注意事項**：
白天飯後食用較佳。

類別	■綜合維生素
型態	■錠劑

維生素成分	A	B1	B2	B6	B12	生物素	葉酸	菸鹼酸	泛酸	C	D	E	K	β-胡蘿蔔素	膽鹼	肌醇	PABA
	✓	✓	✓	✓	✓	✓	✓	✓	✓	✓	✓	✓	✓	✓	✓	✓	✓

成分	硼	鈣	鉻	鈷	銅	氟	碘	鐵	鎂	錳	鉬	磷	鉀	硒	鈉	硫	鋅
	✓	✓	✓	✓	✓		✓	✓	✓	✓	✓	✓	✓	✓			✓

其他　天然抗氧化配方、番茄紅素

備註：劑量保密

金優卓美佳食品錠

售價／1800元

■ **商品特性**：本品專為銀髮族設計之綜合維生素，除含有維生素、礦物質外，更含有各種消化酵素及天然植物，完美的配方，讓你健康活力十足。

■ **適用對象**：銀髮族
■ **建議用量**：每日1顆
■ **包裝規格**：90錠／瓶
■ **公司**：健安喜。松雪企業股份有限公司
■ **國外原廠**：GNC

■ **注意事項**：
白天飯後食用較佳。

類別	■綜合維生素
型態	■錠劑

維生素成分	A	B1	B2	B6	B12	生物素	葉酸	菸鹼酸	泛酸	C	D	E	K	β-胡蘿蔔素	膽鹼	肌醇	PABA
	✓	✓	✓	✓	✓	✓	✓	✓	✓	✓	✓	✓	✓	✓	✓	✓	✓

成分	硼	鈣	鉻	鈷	銅	氟	碘	鐵	鎂	錳	鉬	磷	鉀	硒	鈉	硫	鋅
	✓	✓	✓	✓	✓		✓		✓	✓	✓	✓	✓	✓	✓	✓	✓

其他　天然抗氧化配方、番茄紅素、綠茶、綜合消化酵素

備註：劑量保密

悠康 純化維他軟膠囊　　售價／680元

■ **商品特性**：本產品以營養生理學之平衡調養概念，融合人體每日必需之12種維生素、8種礦物質及微量元素，適合用於減少疲勞，產前產後及病後之補養，也是現代人營養補給、增強體力，維護元氣及健康維持的好選擇。

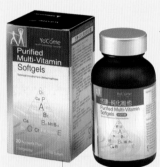

■ **適用對象：**
一般人

■ **建議用量：**
每次1粒，每日2次，於餐後以溫水吞食。

■ **包裝規格：**
100粒／瓶

■ **公司：**
永信藥品工業股份有限公司

■ **國外原廠：**
美國Carlsbad Technology Inc.U.S.A.

■ **注意事項：**
請確實遵循每日建議量食用，不需多食。

類別	■綜合維生素
型態	■軟膠囊

維生素	A	B1	B2	B6	B12	生物素	葉酸	菸鹼酸	泛酸	C	D	E	K	β胡蘿蔔素	膽鹼	肌醇	PABA
成分	1.281mg	1.7mg	2mg	2.3mg	2.3μg	0.12mg	0.08mg	2.1mg	17.5mg	69mg	0.8mg	15mg					

	硼	鈣	鉻	鈷	銅	氟	碘	鐵	鎂	錳	鉬	磷	鉀	硒	鈉	硫	鋅
分		12.6mg	✓	✓				✓	✓	✓	✓						✓
其他																	

加仕沛 美麗佳人MV錠　　售價／450元

■ **商品特性**：綜合維生素是提供每日工作能量的重要角色。哪一個不足都會造成營養失調，一次均衡且適量的攝取綜合維生素，不但可提供每日活力的基礎，更不會導致身體的負擔。

■ **適用對象：** 一般人、推薦給想補充維生素及飲食不正常的您

■ **建議用量：** 每次1錠，每日3次

■ **包裝規格：** 120錠／瓶

■ **公司：** 永信藥品工業股份有限公司

■ **國外原廠：** 美國Carlsbad Technology Inc.U.S.A.

■ **注意事項：**
請確實遵循每日建議量食用，不需多食。

類別	■綜合維生素
型態	■糖衣錠

維生素	A	B1	B2	B6	B12	生物素	葉酸	菸鹼酸	泛酸	C	D	E	K	β胡蘿蔔素	膽鹼	肌醇	PABA
成分	0.25mg	1mg	1mg	3mg	2μg		5mg	30mg	30mg	10mg					50mg	50mg	

	硼	鈣	鉻	鈷	銅	氟	碘	鐵	鎂	錳	鉬	磷	鉀	硒	鈉	硫	鋅
分																	
其他																	

杏輝沛多仕女綜合維他命軟膠囊　售價／680元

- **商品特性**：21種綜合維生素，礦物質，特別強化鐵、B6、B12、葉酸等造血維他命，把女性每個月流失的補回來。

- **適用對象**：青少女及成年女性
- **建議用量**：1日1～2顆
- **包裝規格**：60粒／瓶
- **公司**：
  杏輝藥品工業股份有限公司
- **國外原廠**：
  加拿大CanCap G.M.P藥廠

- **注意事項**：
  飯後食用，請依照瓶身服用量食用，不可過量。

類別	■綜合維生素
型態	■軟膠囊

維生素	A	B1	B2	B6	B12	生物素	葉酸	菸鹼酸	泛酸	C	D	E	K	β-胡蘿蔔素	膽鹼	肌醇	PABA
成分	2500 IU	1 mg	1.1 mg		10 mcg	40 mcg	50 mcg	225 mg	13 mg	10 mcg	100 mg	100 IU	50 IU	10 mcg			

硼	鈣	鉻	鈷	銅	氟	碘	鐵	鎂	錳	鉬	磷	鉀	硒	鈉	硫	鋅
	✓			✓		✓	✓		✓							✓

其他　啤酒酵母

杏輝沛多綜合維他命軟膠囊　售價／680元

- **商品特性**：27種綜合維生素，礦物質，特別強化水溶性維生素B群，適合汗流量大，水溶性維生素需求大的台灣海島型氣候。

- **適用對象**：一般人
- **建議用量**：1日1顆
- **包裝規格**：60粒／瓶
- **公司**：
  杏輝藥品工業股份有限公司
- **國外原廠**：
  加拿大CanCap G.M.P藥廠

- **注意事項**：
  飯後食用，請依照瓶身服用量食用，不可過量。

類別	■綜合維生素
型態	■軟膠囊

維生素	A	B1	B2	B6	B12	生物素	葉酸	菸鹼酸	泛酸	C	D	E	K	β-胡蘿蔔素	膽鹼	肌醇	PABA
成分	5000 IU	10 mg	10 mg	20 mg	4 mcg	300 mcg	200 mcg	30 mg	10 mg	100 mg	200 IU	50 IU	100 mcg			20 mcg	20 mcg

硼	鈣	鉻	鈷	銅	氟	碘	鐵	鎂	錳	鉬	磷	鉀	硒	鈉	硫	鋅
	✓	✓	✓	✓	✓	✓		✓	✓	✓	✓	✓	✓		✓	✓

其他　啤酒酵母、氯

優倍多女性綜合維他命群軟膠囊 售價／549元

■ **商品特性**：強化造血維他命（鐵、B6、B12、葉酸）之綜合維生素，把女性每個月流失的補回來。

- ■ **適用對象**：青少女及成年女性
- ■ **建議用量**：1日1顆
- ■ **包裝規格**：60粒／瓶
- ■ **公司**：杏輝藥品工業股份有限公司
- ■ **國外原廠**：加拿大CanCap G.M.P藥廠

■ **注意事項**：
飯後食用，請依照瓶身服用量食用，不可過量。

類別	■綜合維生素																
型態	■軟膠囊																
維生素成分	A	B1	B2	B6	B12	生物素	葉酸	菸鹼酸	泛酸	C	D	E	K	β胡蘿蔔素	膽鹼	肌醇	PABA
	4200 IU	1.3 mg	1.5 mg	5 mg	20 mcg	50 mcg	225 mcg	17 mg	10 mg	100 mg	200 IU	50 IU	10 mcg				
	硼	鈣	鉻	鈷	銅	氟	碘	鐵	鎂	錳	鉬	磷	鉀	硒	鈉	硫	鋅
				✓		✓	✓	✓									✓
其他	啤酒酵母1mg																

優倍多男性綜合維命軟膠囊 售價／549元

■ **商品特性**：鋅強化配方，增強男人精力。

- ■ **適用對象**：青少年及成年男性
- ■ **建議用量**：1日1顆
- ■ **包裝規格**：60粒／瓶
- ■ **公司**：杏輝藥品工業股份有限公司
- ■ **國外原廠**：加拿大CanCap G.M.P藥廠

■ **注意事項**：
飯後食用，請依照瓶身服用量食用，不可過量。

類別	■綜合維生素																
型態	■軟膠囊																
維生素成分	A	B1	B2	B6	B12	生物素	葉酸	菸鹼酸	泛酸	C	D	E	K	β胡蘿蔔素	膽鹼	肌醇	PABA
	2500 IU	2 mg	2 mg	2 mg	2 mcg	150 mcg	200 mcg	22 mg	10 mg	100 mg	150 IU	50 IU	50 mcg		✓	✓	
	硼	鈣	鉻	鈷	銅	氟	碘	鐵	鎂	錳	鉬	磷	鉀	硒	鈉	硫	鋅
				✓		✓	✓	✓				✓					✓
其他	啤酒酵母25mg																

106-□□
台北市新生南路三段88號5樓之6

揚智文化事業股份有限公司　　收

□□□-□□

地址：　　　市縣　　鄉鎮市區　　路街　段　巷　弄　號　樓

姓名：

Leaves
Publishing

 書號 L5404　　 書名 陽光維生素D

葉子出版股份有限公司

讀・者・回・函

感謝您購買本公司出版的書籍。
為了更接近讀者的想法，出版您想閱讀的書籍，在此需要勞駕您詳細為我們填寫回函，您的一份心力，將使我們更加努力！！

1.姓名：＿＿＿＿＿＿＿

2.性別：□男 □女

3.生日／年齡：西元＿＿＿＿ 年＿＿＿月 ＿＿＿日＿＿歲

4.教育程度：□高中職以下 □專科及大學 □碩士 □博士以上

5.職業別：□學生□服務業□軍警□公教□資訊□傳播□金融□貿易
　　　　　□製造生產□家管□其他＿＿＿＿＿＿

6.購書方式／地點名稱：□書店＿＿＿＿□量販店＿＿＿□網路＿＿＿□郵購＿＿＿
　　　　　　　　　　　□書展＿＿＿＿□其他＿＿＿

7.如何得知此出版訊息：□媒體＿＿＿□書訊＿＿＿□書店＿＿＿□其他＿＿＿

8.購買原因：□喜歡作者□對書籍內容感興趣□生活或工作需要□其他

9.書籍編排：□專業水準□賞心悅目□設計普通□有待加強

10.書籍封面：□非常出色□平凡普通□毫不起眼

11. E－mail：＿＿＿＿＿＿＿＿＿＿＿＿＿＿＿＿＿＿＿＿＿＿＿

12喜歡哪一類型的書籍：＿＿＿＿＿＿＿＿＿＿＿＿＿＿＿＿＿＿＿＿＿＿＿

13.月收入：□兩萬到三萬□三到四萬□四到五萬□五萬以上□十萬以上

14.您認為本書定價：□過高□適當□便宜

15.希望本公司出版哪方面的書籍：＿＿＿＿＿＿＿＿＿＿＿＿＿＿＿＿＿＿＿

16.本公司企劃的書籍分類裡，有哪些書系是您感到興趣的？
□忘憂草（身心靈）□愛麗絲（流行時尚）□紫薇（愛情）□三色菫（財經）
□ 銀杏（健康）□風信子（旅遊文學）□向日葵（青少年）

17.您的寶貴意見：

＿＿＿＿＿＿＿＿＿＿＿＿＿＿＿＿＿＿＿＿＿＿＿＿＿＿＿＿＿＿＿＿＿＿＿＿

☆填寫完畢後，可直接寄回（免貼郵票）。

　我們將不定期寄發新書資訊，並優先通知您
　其他優惠活動，再次感謝您！！

Leaves
Publishing

根　以讀者爲其根本

莖　用生活來做支撐

葉　引發思考或功用

果　獲取效益或趣味

銀杏 Ginkgo

銀杏的壽命很長，一般來說能活上一千多年，因此有「長壽」的花語，外國人稱爲「東方的聖樹」。其開花後會結核果，成橢圓形、白色，稱之爲白果，可供食用和藥用。

專業營養師親自執筆，觀念最正確！

利用簡短的文字、豐富的圖表，本書將告訴您：

1. 怎樣獲得維生素D及鈣質最安全有效

日曬的乾香菇比人工烘乾的香菇更好，田字型豆腐比盒裝豆腐的鈣質

含量更多，利用海產補鈣有方法，素食者要補充鈣質該怎麼做？

這些您一定要知道。

2. 如何在家DIY美味簡易的維生素D及高鈣食譜

食材真便宜、製作真簡單、可以天天吃，這些您一定要吃到。

3. 如何選購市售維生素D及鈣質補給品

要認明什麼標誌？貴一定好嗎？珍珠鈣、牡蠣鈣、檸檬酸鈣……

要怎麼選？一天要吃幾次？什麼時間吃？天然的一定比較好嗎？

這些您一定要了解。

4. 提供常見市售維生素D補充品產品相關資料

選購市售維生素D營養補充品時，您一定要參考。

ISBN 986-7609-73-5 〔399〕

00250

9 789867 609731

L5404　　　　NT$250

[美顏]
維生素C

者 AUTHER

陳濟圓●蘇婉萍●林天龍

預防 壞血病、傳染病、貧血、癌症、白內障、中風、糖尿病患併發腎病變、氣喘發作、鉛中毒、妊娠毒血等症狀。

治療 高血壓、化療及放療副作用，強化免疫能力，解除壓力，抵抗紫外線，美白，除縐。

作者簡介 **AUTHER**

陳濟圓
● 實踐大學畢業
● 現任新光醫院臨床營養師
● 作品：《瘦身健康坐月子》及《高鈣健康食譜》

食譜設計 **蘇婉萍**
● 六年級中段班生
● 實踐大學食品營養系畢業
● 大學畢業後即於新光醫院服務
● 目前主要負責病患餐點設計及供應

廚師 **林天龍**
● 經驗豐富的資深廚師，
擅長中式餐點及點心、冷盤等，
更是現代的新好男人，
認為讓家人吃得美味及健康是最幸福的事情。
● 中餐乙級廚師證照